"十四五"河南省重点出版物出版规划项目

河南省科学技术协会科普出版资助·科普中原书系

人体与健康保卫战

总主编 章静波 钱晓菁

人类疾病的传播者
——病原体

章静波 钱晓菁 著

U0341829

郑州大学出版社

大象出版社

图书在版编目（CIP）数据

人类疾病的传播者：病原体／章静波，钱晓菁著. — 郑州：郑州大学出版社：大象出版社，2022.8

（人体与健康保卫战／章静波，钱晓菁总主编）

ISBN 978-7-5645-8710-9

Ⅰ.①人…　Ⅱ.①章…②钱…　Ⅲ.①病原体 - 青少年读物　Ⅳ.①S432.4-49

中国版本图书馆 CIP 数据核字（2022）第 087733 号

人类疾病的传播者——病原体

RENLEI JIBING DE CHUANBOZHE——BINGYUANTI

策划编辑	李海涛　杨秦予	封面设计	苏永生
责任编辑	刘宇洋　庞　博	版式设计	王莉娟
责任校对	黄　晨	责任监制	凌　青　李瑞卿

出版发行	郑州大学出版社　大象出版社	地　　址	郑州市大学路 40 号（450052）
出版人	孙保营	网　　址	http://www.zzup.cn
经　销	全国新华书店	发行电话	0371-66966070
印　刷	河南文华印务有限公司		
开　本	787 mm×1 092 mm　1 / 16		
印　张	11.75	字　　数	182 千字
版　次	2022 年 8 月第 1 版	印　　次	2022 年 8 月第 1 次印刷

书　　号	ISBN 978-7-5645-8710-9	定　价	70.50 元

主编简介

章静波

中国医学科学院基础医学研究所细胞生物室教授，研究员，博士生导师，享受国务院政府特殊津贴专家，中华医学会肿瘤学会委员和医学细胞生物学会副主任委员，第四届中国科普作家协会医药委员会副主任委员。主持完成国家自然科学基金项目多项。章静波教授与同事成功地建立起我国第一株人食管癌细胞系并进行了一系列肿瘤细胞生物学特性研究，荣获国家科技进步奖二等奖；近年研究证明了兔网织红细胞中存在着某种因子，这种因子可抑制肿瘤细胞的生长，此项工作获卫生部科技成果奖二等奖。章静波教授从国外引进了人精子与金黄地鼠卵体外受精技术，同时又改良了人精子单倍体染色体的制作方法，获中国医学科学院科技成果奖，于1986年获国家计生委科研医疗攻关成果二等奖。章静波教授长期从事细胞生物学研究与教学，已培养硕士生10名，医学博士10余名。在国内外发表论文60余篇，出版专著30余部，主编专著有《分子细胞生物学》《组织和细胞培养技术》《胚胎发育与肿瘤》《细胞生物学实用方法与技术》《干细胞》《英汉汉英分子细胞生物学词汇》《简明干细胞生物学》等。

主编简介

钱晓菁

钱晓菁，中国医学科学院基础医学研究所、北京协和医学院基础学院人体解剖与组织胚胎学系教授，主要研究方向是组织胚胎学和生殖生物学，参与多个国家自然科学基金项目的研究工作。2012年，作为访问学者在美国洛克菲勒大学工作一年，从事精子发生相关机制的研究。近年来，工作重点主要为衰老与神经退行性疾病的相关研究，参与国家发育和功能人脑组织资源库的建设工作。已发表教学论文和科研论文数十篇，参与多本科普书和专业书的编写或翻译工作。

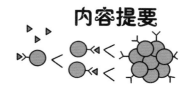

内容提要

　　《人类疾病的传播者——病原体》为"人体与健康保卫战"丛书之一，该书共20章，主要介绍人体常见或突发的流行病、传染病，包括SARS、禽流感、疯牛病、结核病、炭疽、出血热等，还介绍了近年来突发的埃博拉病毒与寨卡病毒，以提高青少年对传染病的认识和预防能力。

　　该书内容丰富，系统全面，图文并茂，生动活泼，具有原创性、知识性、可读性。有曾肆虐我们人类社会数千年的宿敌，如结核杆菌与结核病；更有突然而至、又不知是否会再来的SARS与新型冠状病毒肺炎；有令人望而生畏的库鲁病；还有霸权主义的大国或是恐怖分子可能用作生物战剂的某种病毒及其毒素以及炭疽；有至今未能为我们所参透的新仇——寨卡病毒；有几乎年年造访我们人类的流感；还有至今未能被我们击退的AIDS；还有那些虽不传染，但致死性极强的感染性疾病，如破伤风等。该书告知读者，面对这些人类的"现实威胁"，全人类是个"命运共同体"，只有团结起来，共同努力，并肩战斗，才能将这些"瘟神"一一逐出我们人类世界。

　　该书以青少年为读者对象，为他们普及科学知识，弘扬科学精神，传播科学思想，培养他们讲科学、爱科学、学科学、用科学的良好习惯，让他们尽早接触到生命科学和医学的知识和内涵，激发他们对生命科学和医学的兴趣，为实现中华民族伟大复兴的中国梦加油助力。

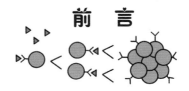

前言

我国古代将急性或烈性传染病称为"瘟疫"。在成书于公元前400多年的《素问·刺法论》一书中即有"五疫之至，皆相染易，无问大小，病状相似"的记载，说明我们的先人在战国或者先秦时代已认识到传染病的基本性质，即传染病突发之时，不论男女老少，都会得病，并互相传染，而且表现出相似的症状。但古人所说的"五疫"很难套用现今的病名，从描述中似乎是指天花、疟疾、结核、麻风、流感或是别的疾病。

其实，除了"五疫"之外，在历史上，人类曾无数次遭受"瘟神"的袭击，像中世纪的鼠疫、近代的艾滋病、2002年的SARS、2014—2016年西非埃博拉疫情等。它们大概都属于瘟疫中的"大疫"，尤其是突发于2019年年底的新型冠状病毒肺炎，它很快便蔓延至全球，给世界人民的生命健康带来巨大的威胁，是人类空前的一场浩劫。然而，中国人民在以习近平同志为核心的党中央领导下，团结一致，奋起抗争，在短短的3个月时间内基本控制了新型冠状病毒在全国的蔓延，取得新型冠状病毒防控举世瞩目的阶段性胜利。

然而，"战斗正未有穷期"。瘟疫以及病原微生物引起的疾病古代有，现代也有，将来也一定还会突发。事实上，人类的医学史很大程度上是人与病原微生物的战斗史。为了防范病原体的袭击，以及有效应对，我们必须知己知彼。为此，在本书中，我们将介绍常见或突发的病原体导致的各类疾病。

我们谨希望本书能传播预防瘟疫的知识，并培养青少年对防控疾病的严谨的科学思维。此外，郑重提醒大家：面对这些人类的"现实威胁"，我们应该认识到，全人类是个"命运共同体"，只有团结起来，共同努力，并肩战斗，才能将这些"瘟神"——逐出我们人类世界。

由于本书内容涉及多种病原体及其引起的疾病，我们也相应组成由多种学科的专家和老师参与的写作团队。由北而南，包括北华大学王艾琳、李坚、孙丽媛、赵云冬、宋顺佳、赵远，北京协和医学院丛林、章静波、曾武威、王欣、杨银、钱晓菁、南方医科大学汉聪慧。我们希望本书能为人类战胜各种疯狂的病原体助力。须说明的是，出于当前科学家对病原体世界认识的局限性，尤其是作者本身知识的局限性，本书内容可能有太多的不尽如人意，或许还有错误之处，谨请读者、有关专家提出批评与指正。

该书出版得到了大象出版社杨秦予总编辑和编辑、照排同志们的大力支持，特别是总编辑杨秦予同志，从选题策划到编辑出版全流程付出了辛勤的劳动，在此表示衷心地感谢。

作者

2020 年 4 月

目 录

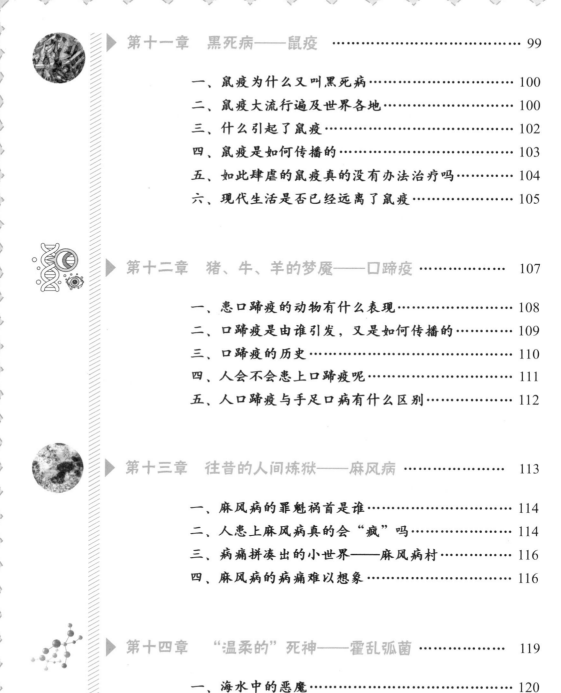

第一章
洋洋大观的微生物世界

▼

　　在我们辽阔而美丽的地球村，除了人类、动物、植物这些有生命的物体之外，还居住着一类体型微小、结构简单、肉眼看不见的生命体。它们必须借助放大几十倍、几百倍的普通光学显微镜，甚至放大数千倍、数万倍的电子显微镜才能被观察到。科学家将这类生命体称为微生物，意思是十分微小的生命体。

　　自然界里，微生物是多种多样、光怪陆离的，而且分布极广，据科学家估计微生物至少有10万种。不是所有的微生物都与人类作对。它们之中绝大多数能与我们人类"和平共处"，共享一个世界，甚至互惠互利，相得益彰，它们是"与人为善"的友好生命共同体。更为奇妙的是，在我们人体的肠道内寄生着许多对健康有益的菌群，要是菌群紊乱了，会影响我们的健康，所以科学家提取了这些细菌，并且进行组合，形成由不同细菌组成的"益生菌"制剂，它们可以帮助我们消化食物，提高免疫力，补充身体所需的微量元素。然而，在微生物世界里，也有一小部分可能引发人类、动物，甚至植物患病的微生物，或者既可引起人类患病，又可引起动物患病的微生物，甚至他们之间可以相互传染，这就是所谓的"人畜共患病"。我们将这类微生物称为病原微生物或病原体。

　　在我们人类历史上，发生过无数次微生物侵入人体的事件，甚至使千千万万人丧失了生命，所以有人曾说如今病原微生物，尤其是致病性病毒是人类最大的威胁。我们人类的医学史很大程度上是与病原微生物的战斗史。"战斗正未有穷期"，让我们展开对它们的了解与分析，逐一认识它们的"庐山真面目"吧，尤其是那些最凶险的、能危害人类生命与健康的"瘟神"。只有做到知己知彼，才能百战百胜。

细菌是自然界中数量最多、分布最广的一类生命有机体。

广义的细菌即为原核生物，包括细菌、立克次体、支原体、衣原体、螺旋体以及放线菌。狭义的细菌是一类形状细短、结构简单，多以二分裂方式进行繁殖的原核生物，是在自然界分布最广、个体数量最多的有机体，是大自然物质循环的主要参与者。

据科学家推算，全球大约有 5×10^{30} 个细菌，这真是一个天文数字。当然，这只是一个动态的估计，因为它们会不断地快速增殖，也会出于某种原因突然死亡。细菌自始至终与人类相伴，关系极为"亲密"。绝大多数细菌与我们人类相安无事，但也有不少细菌喜欢与人类作对，会引起轻重不一的疾病，我们将可以引起人类疾病的细菌称为致病菌，或简称病菌。近年来，由于人们滥用抗生素，细菌对多种抗生素都产生了抵抗力，因此被称为超级细菌。

1. 形形色色的细菌形态

细菌的形态多种多样，有圆形的球菌，有长长的杆菌，还有弯弯曲曲的螺旋菌。它们的体积都很小，大多数球菌的直径只有 1 微米左右。杆菌长 2~5 微米，宽 0.3~1.0 微米。要知道 1 微米是 1 毫米的千分之一，所以我们的肉眼是看不到它们的（图 1-1）。

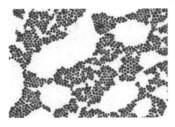 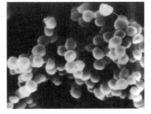 

葡萄球菌   杆菌

链球菌

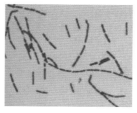
炭疽杆菌

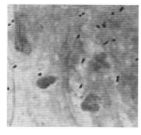
肺炎链球菌

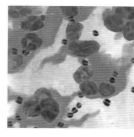
淋病双球菌

图1-1　各种细菌的形态

（1）球菌。大多数球菌外观呈圆形，也有呈椭圆形或肾形的，还有两个球菌黏在一起的，称为双球菌。最常见的双球菌是可引起淋病的淋病双球菌。若是多个球菌黏在一起排成链条状，则称为链球菌。有一种被称为溶血性链球菌的，它的致病力极强，侵入人体后可引发儿童或成人的扁桃体炎、中耳炎、猩红热以及风湿热等多种疾病。也许大家都听说过葡萄球菌的大名，这是球菌在多个不规则平面分裂后呈不规则位列所形成的，形如一串串的葡萄，所以被称为葡萄球菌。其中更有一种被称为金黄色葡萄球菌的病菌，它是人类化脓性感染最常见的病原菌，能引发多种疾病，比如皮肤的疖、皮肤深处感染连成片的"痈"、心包炎、肺炎、食物中毒等。

除了上述常见形式的球菌外，还有排列如正方形的四联球菌，像立方体的八叠球菌以及分散的单个菌体等。

（2）杆菌。顾名思义，杆菌是一类长长的、呈杆状的细菌。但即便如此，它们也还是五花八门的，有大有小，有粗有细。比如炭疽杆菌较长，有3~10微米，可以说是杆菌中的"高个子"，而布鲁氏菌只有0.6~1.5微米，是杆菌中的"小个子"。但大多数杆菌的长度在2~3微米，属于中等个子。除了杆状之外，它们有的短胖，近乎椭圆形，被称为球杆菌；还有的一端膨大，似棒，被称为棒状杆菌；要是它们呈链状排列，则被叫作链杆菌。不少杆菌可以引起人类严重的疾病，如后面我们要提到的臭名昭著的鼠疫杆菌、破伤风杆菌等。

（3）螺形菌。由于菌体弯曲，呈螺形状，所以称为螺形菌。若菌体只有一个弯曲的称为弧菌，如霍乱弧菌；若菌体较长，有多个弯曲，则称为螺菌，如鼠咬热螺菌。螺形菌大小通常在 0.3~1.0 微米。

2. 简单的细菌结构

细菌除了体积小之外，它们的结构也颇为简单，由三部分组成，即表层结构、内部结构及外部附件。表层结构由外层细胞壁、其内侧的细胞膜以及最外层的荚膜组成。细菌的细胞壁坚韧富有弹性，维持着菌体的一定形态。细胞壁及细胞膜上有许多小孔，只让水和小分子物质进出，大分子物质无法进出，从而可进行细胞内外物质的交换。此外，细胞膜上还有多种合成酶，可完成物质转运、呼吸、分泌等功能。荚膜是一种黏性物质，可以贮存水分，从而有抗干燥作用，以便细菌在不利的条件下仍可存活下来。荚膜的另一功能是抵抗机体细胞对它们的吞噬和消化，以及体液因子对它们的杀伤作用。因此，荚膜是细菌致病的重要武器之一。

细菌内部主要由细胞质、胞质颗粒、核质、核蛋白体、质粒等成分组成。细胞质是细胞膜内的溶胶物质，内含水、蛋白质、脂类、核糖核酸（RNA）、无机物等。胞质颗粒是指胞质中的各种颗粒，多为营养贮存物质，如糖原、脂类物质等。胞质中最重要的是被称为核质的遗传物质，因为不像人体细胞那样其外有核膜包绕，所以称为拟核。也因此细菌属于原核细胞，有别于被称为真核细胞的人体、动物或植物细胞。除了由DNA（脱氧核糖核酸）组成的核质具有遗传特性外，大多数细菌还有一种被称为质粒的遗传物质，它也负责细菌某些特性的遗传功能，如抗药性等。

细菌的外部结构是指从菌体中生长出来的附属结构，最常见的是鞭毛和菌毛。

弧菌和螺菌都有鞭毛，有些球菌及杆菌也有鞭毛。这是一种细长有弯曲的丝状结构，可以帮助细菌运动。鞭毛的数量不一，长 5~20 微米，但很细，直径只有 10~20 纳米。

菌毛比鞭毛短，也更细，分普通菌毛和性菌毛两种。前者分布于菌体表面，有助于细菌对人体细胞的附着与入侵。性菌毛与细菌间遗传物质交换有关，因此也与细菌的毒力和耐药性转移有关。

3. 细菌与机体的"交手"

可以引起人类疾病的细菌称为病原菌，或简称"病菌"。它们之所以能致病，主要由两个因素决定，即它们的侵袭力和毒素。这两个因素合在一起，构成细菌的毒力。

什么是侵袭力呢？侵袭力是指病菌突破人体的防御机制，侵入体表或体内，甚至进入血液，并在某处定居下来开始增殖的能力。通常细菌靠菌毛以及它们分泌的黏附性物质附着于机体皮肤，或是进入对外"开放的"器官管道，如呼吸道、消化道、泌尿生殖道，吸附于黏膜，于此附着之后开始增殖。这一连续的过程称为感染。此时机体也会作出一系列反应，该过程称为炎症，即人们常说的"发炎了"。炎症的外在表现是大家熟知的"红""肿""热""痛"，即炎症部位发红、肿胀、发热、疼痛，以及由这些反应引起的局部功能障碍，如牙龈发炎，不敢使劲咀嚼等。炎症的内在过程包括体温升高，即大家所熟知的"发烧了"，另外，还表现为血液中白细胞增多等。若机体在与细菌的初步交手时不能一击而中，或者治疗不及时与不适当，病菌可能继续蔓延，并通过淋巴管与血管在机体多处器官引发炎症，这一现象称为多发性感染。其中，医生们将细菌进入血液称为菌血症，此时若机体仍不敌细菌，则它们还能在血液中继续繁殖，这一过程称为败血症。很显然，败血症是颇为凶险的一种病症。此时若不能将病菌杀灭、控制炎症的发展，就会威胁到患者的生命。

细菌毒素也是构成细菌毒力的重要因素，因为它直接引起机体中毒病理过程，造成器官功能衰竭，以致毙命。细菌毒素分为内毒素和外毒素两大类。外毒素是细菌生长繁殖过程中所分泌至细胞外的一种产物，大多数为蛋白质，不耐热、不稳定；而内毒素是革兰氏阴性菌细胞壁的成分，是细菌被破坏或坏死后释放出来的物质，主要成分是脂多糖。许多细菌都可以产生外毒素，如金黄色葡萄球菌、溶血性链球菌、肉毒杆菌、破伤风杆菌、鼠疫杆菌、霍乱弧菌等。通常外毒素毒性较强，例如，1毫克的肉毒毒素可以杀死2 000万只小鼠，对人的致死量为10^{-9}毫克/毫升，甚至毒性比氰化钾还强，所以可用作生物战剂，用以大规模杀伤敌人，破坏他们的战斗力。此外，外毒素对组织器官有选择性毒性作用，引起特殊的临床表现，如破伤风毒素主要作用于神经细胞，抑制它们的神经传导，导致肌肉强直性麻痹，产生一系列相应症状，如不能咬物，不能行走等。但外毒素可以刺激人体产生抗毒素，并可以中和外毒素。内毒素耐高温、比较稳定，但抗原性比较弱，一般不会刺激机体产生可中和内毒素的抗毒素，没有明显的靶器官，多数只是引起发热、微循环障碍，以致内毒素休克以及发生弥漫性血管内凝血等。

4. 细菌的检测

细菌的检测对于疾病诊断、治疗以及某些传染病的防控极为重要。通常医生、传染病学家或流行病学专家会采取各种途径与技术方法对病原体进行检测与鉴定。常用的方法有很多，下面是一些最常用的技术：

（1）光镜检查法。这就是大家熟知的"涂片镜检"，即将可能有细菌的标本涂在玻片上，再经过干燥、染色等步骤，在显微镜下观察。比如用一种医生常用的革兰氏液染色后即可区分为革兰氏阳性菌或是革兰氏阴性菌（图1-2）；用齐-内染色可以确定是否为抗酸杆菌，如结核分枝杆菌、麻风杆菌（图1-3）等。

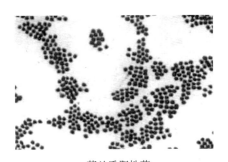
革兰氏阳性菌

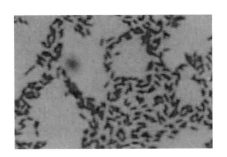
革兰氏阴性菌

图1-2 革兰氏阳性菌和革兰氏阴性菌

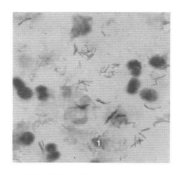
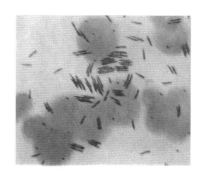

结核分枝杆菌（抗酸染色）　　　　　麻风杆菌（抗酸染色）

图 1-3　结核分枝杆菌和麻风杆菌

（2）细菌培养。即将可疑标本置于固体或液体培养基中，观察是否有细菌集落（菌落）的形成。培养基是用于细菌生长的营养载体，集落（菌落）是细菌繁殖后形成肉眼可见的细菌团块，多呈球形或半球形（图 1-4）。

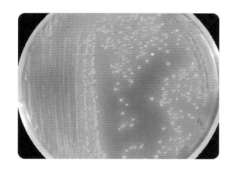
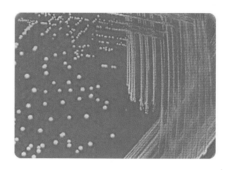

金黄色葡萄球菌在　　　　　　　表皮葡萄球菌在血平板
血平板上的菌落特征　　　　　　上的菌落特征

图 1-4　葡萄球菌细菌培养的集落

（3）生化鉴定法。各种细菌代谢方式与过程不尽相同，因此酶系统也不一样，酶系统合成与分解产物也不一样，科学家便可利用这些差别来鉴定各种不同的细菌。

（4）血清学试验。血清是血液凝固后析出的淡黄色液体，当机体被细菌感染后，血清中会含有一种称为抗体的物质，它可与细菌的对应成分（称为抗原）发生反应，从而可以推知是何种细菌引起的感染。

（5）其他方法。检查细菌感染的方法还有许多，如动物实验、药物敏感试验、质粒指纹鉴定等，医生会根据病例的具体情况采用不同的方法。

5.炎症的治疗

确定是什么细菌引起的感染对于治疗十分重要，因为只有这样才能真正做到精准治疗。由于感染的细菌可以不同，感染的部位也可以不一，治疗方法也有区别。医生可以用手术治疗（如切开脓肿引流）、免疫治疗（如注射针对性的疫苗）等，但更多的则是用抗生素来抑制细菌的生长或是直接杀伤它们。

抗生素是由细菌、霉菌或其他微生物，甚至某些植物所产生的一类具有抗病原体的生物活性物质，迄今常用的抗生素有数百种。下面是我们最常用的抗生素。

（1）青霉素。又称盘尼西林、配尼西林，这是从青霉菌培养液中提取的抗生素，它对葡萄球菌、链球菌、变形杆菌、螺旋体及放线菌等有很强的抗菌活性。值得注意的是部分人对青霉素过敏，为避免患者发生过敏反应，在应用前一定要问清患者是否有过敏史，以及做皮肤过敏试验，即大家所熟知的"皮试"。

（2）头孢菌素。以前多称先锋霉素，是从顶头孢霉培养液中分离得到的一类抗生素，后来科学家又对它的分子进行改造得到半天然半合成的抗生素。头孢菌素对大多数革兰氏阳性菌和部分革兰氏阴性菌均有杀菌作用。

（3）链霉素。这是从一种称为灰链霉菌培养液中提取的抗生素，它具有可针对性地干扰结核分枝杆菌蛋白质合成的作用，因此抑制甚至杀灭结核分枝杆菌。链霉素的发现为结核患者带来福音，发明人赛尔曼·瓦克斯曼（Selman A. Waksman，1888—1973年）也因此获得1952年的诺贝尔生理学或医学奖。

（4）红霉素。红霉素是从红色链丝菌培养液中提取的一种抗生素，主要用于对青霉素已有耐药性的葡萄球菌、链球菌、淋球菌、肺炎球菌等的感染，阿奇霉素与红霉素属于同一类的抗生素，但阿奇霉素不良反应会更少一些。

（5）氯霉素。是从一种被称为委内瑞拉链霉菌培养液中提取的抗生素，但现在可以人工合成，称为"合霉素"，也是一种广谱抗生素，对细菌性痢疾、支原体肺炎、伤寒、尿路感染有效。

（6）小檗碱。又称黄连素，是从中

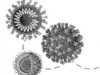

药黄连、黄檗等中提取的一种生物碱，对细菌性痢疾和某些肠道感染有效，如阿米巴痢疾。

抗生素的应用应当精准，首先，应当选用针对致病菌特异有效的抗生素；其次，用量要适当，太低往往达不到抑菌或杀菌的目的，太高可能会产生副作用。当应用一种抗生素效果不佳时，可联合其他药物一起使用。比如当前治疗胃幽门螺杆菌感染常用四联方案，其中的阿莫西林、克拉霉素即是抗生素，可以杀死幽门螺杆菌，另外加上胃肠黏膜保护剂丽珠得乐以及抑制胃酸药如耐信等。抗生素使用不当，或是滥用有可能诱发产生对抗生素有抵抗的耐药菌，甚至"超级细菌"。

▶ 二、病毒是什么

病毒是迄今发现的最小、最简单的生命体，但它们必须生活在活细胞内才具有生物体的基本特征——繁殖。按它们所寄生的宿主不同，分为植物病毒、动物（包括我们人类）病毒及细菌病毒，细菌病毒又称为噬菌体。不是所有的病毒对我们人类均有害，它们之中有的对人类有益。比如有些动物病毒可以用来防治农业害虫，有的细菌病毒可以用来杀灭致病菌，最常用的是铜绿假单胞菌噬菌体，它可以用来治疗十分难治的铜绿假单胞菌感染。但是科学家已证明，人类 70% 的传染病是由病毒引起的。还有人声称病毒是人类最后的大敌。

1. 病毒的大小与形态

病毒体积微小，但各种病毒大小差别很大。大多数病毒大小为 50~100 纳米。一种被称为口蹄疫的病毒只有 20 纳米，即千分之一微米。而痘病毒类的大小达 300 纳米，即 0.3 微米。最近发现的一种潘多拉病毒长达 1 微米，与大多数球菌的直径差不多长。因此，除了极少数病毒经适当的染色后可在普通光学显微镜下被观察到之外，绝大多数病毒只能用电子显微镜才能被看到。

病毒大多呈球形或近似球形，如疱疹病毒；也有如长杆状的，如烟草花叶病毒。少数呈子弹状、丝状，细菌病毒即噬菌体多呈蝌蚪状。冠状病毒一般呈多形性，大小为60~160纳米，因为在电子显微镜下可以观察到如日冕般外围的冠状结构，所以称为冠状病毒。一些病毒的形态见图1-5。

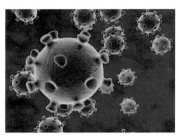
冠状病毒

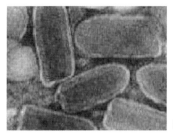
狂犬病毒

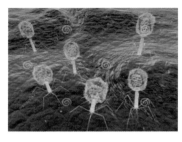
噬菌体

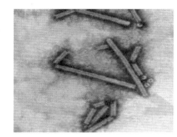
烟草花叶病毒

图1-5　一些病毒的形态

2. 病毒的结构及组成成分

完整成熟的病毒颗粒被称为病毒体。病毒体的成分和结构比较简单，很多病毒主要由核酸与蛋白质组成。根据核酸类型的不同，可分为DNA病毒与RNA病毒。核酸的外围有蛋白质的外壳，称为衣壳，或称壳体。壳体与核酸构成核壳，或称核衣壳。壳体的作用是保护其内的核酸。此外，病毒的主要抗原性也由壳体蛋白所决定。不论是RNA或是DNA，核酸在整个病毒成分中所占比例很小，然而它们是遗传信息的载体，与病毒的增殖、遗传、变异等直接相关，所以就功能来说，核酸是病毒最重要的组成成分。

许多种病毒在其核衣壳外面还有包膜，或称囊膜，它构成病毒体表面的抗原，因此也与致病性和免疫性密切相关。有包膜的病毒体称为包膜病毒。无包膜的病毒体称为裸露病毒，或裸病毒。

3.病毒是如何入侵人体的

我们在前面讲过，病毒只有进入活细胞才能生存以及增殖，因此，不难想象，病毒致病首先要进入我们人体内。在自然条件下，它们或是通过皮肤，或是通过呼吸道，或是通过消化道入侵人体，也有少数病毒（如艾滋病病毒）则可通过生殖道进入人体。病毒入侵除可在局部引起感染外，也可能通过淋巴管、血液，甚至神经到达人体的其他部位，引起其他部位，甚至全身感染。根据病毒的传播方式可以分为水平传播、垂直传播两种形式。

（1）水平传播。指人群中个体之间的传播，其中包括通过人体器官的黏膜传播以及通过皮肤传播。

我们人体的许多器官，如消化道、呼吸道的内表面都有一层由上皮和其下的疏松组织构成的膜性结构，这就是黏膜。此外，如上下眼睑的结膜、阴道表层也由黏膜构成。

许多病毒，包括流感病毒、鼻病毒、副黏病毒、麻疹病毒、腮腺炎病毒，以及冠状病毒等都可以入侵呼吸道，这类病毒称为呼吸道病毒。通过消化道黏膜感染的病毒有脊髓灰质炎病毒、甲型肝炎病毒、戊型肝炎病毒、柯萨奇病毒、埃可病毒等，它们被称为消化道病毒或肠道病毒。

水平传播多以宿主的分泌物或排泄物为媒介。病毒常经咳嗽、打喷嚏，甚至高声说话时将病毒附于飞沫中播散开来，此时可被他人直接吸入引起感染。此外，这些分泌物也因此会污染患者的手，一旦与他人握手，就会将病毒带给他人；病毒也可以污染其他物品，一旦他人使用时也会沾上病毒。粪－口途径也是水平传播的一种常见方式，多见于甲型肝炎、戊型肝炎。新型冠状病毒能否通过粪－口途径传播尚需进一步证实。

病毒除了通过黏膜传播之外，也可通过皮肤传播、机械损破传播，被他人或动物咬伤、注射等也可能成为病毒入侵的突破口，比如狂犬病毒多因被带毒的动物咬伤皮肤进入人体，乙型肝炎、艾滋病可因注射引起，扁平疣可因患者自己搔抓致使乳头瘤病毒自体传播。

（2）垂直传播。所谓垂直传播，就是指病毒经过胎盘或产道直接感染给子代。不少病毒是可以以这种方式传播的。大家最熟知的病毒，即艾滋病病毒，也可以这种方式传播。此外，如乙肝病毒、脊髓灰质炎（以往称小儿麻痹症）病毒、腮腺炎病毒等均可以经这一途径传播。

4. 病毒感染的防控与治疗

迄今我们还没有有效的治疗病毒感染的药物，因此，对致病病毒的预防显得尤其重要。自古以来，人们便发现，大多数人在得过某种传染病后，以后再也不会得这种病了，这种现象称为终生免疫。原因在于当人们感染了这种疾病之后，人体内会产生一种具有抵抗力的物质，这种物质称为抗体。有了这种抗体，表明人体对该疾病获得了抵抗病原的免疫力，于是人们想到用人工的方法制作疫苗来预防传染病。

除了免疫预防之外，用化学药物预防或治疗病毒感染仍然是医生最常采用的方法。比如利用多种药物联合治疗（所谓鸡尾酒疗法）艾滋病已取得较好的疗效。一种称为核苷类抗病毒药物，对某些病毒如疱疹病毒感染也有较好的疗效。金刚烷胺对甲型流感也有一定的预防与治疗作用。干扰素及干扰素诱生剂对某些病毒有抑制作用。但总体来说，因为病毒是寄生于机体细胞内的病原体，所以比较难杀伤它们。此外，病毒变异多、变异快，也是药物较难取得很好疗效的原因。还有，迄今较难找到适当的动物作为实验模型，比如，到现在还没有找到非常适合进行艾滋病病毒感染的动物模型，这也给寻找有效的抗艾滋病病毒的药物带来困难。

伟人毛泽东曾说"中国医药学是一个伟大的宝库"。从中医药学中去寻找抗病毒药物也是一条重要途径。

▶ 三、真菌是什么

在微观生物世界里，还有一类微生物被称为真菌，通常它们要比细菌大几倍至几十倍。它们在结构上比细菌和病毒要复杂得多。它们不但有细胞壁，还有完整的细胞核，因此，科学家将这类生物归为真核生物，构成真核生物的单个生命体称为真核细胞。

真菌属于异养生物，意思是它们本身不能合成有机物（如蛋白质、糖等），只有靠外源有机物作为营养与能量来源方能生存。尽管如此，真菌仍然种类繁多，在自然界中分布极广。好在大多数真菌对人类不构成威胁，只有极少数会引起人类的疾病。

最常见的真菌感染是皮肤癣。或许不少人都患过手癣、足癣、体癣、股癣等，这些都是由一种称为皮肤癣菌的真菌引起的，这种皮肤癣菌特别喜欢角质蛋白，所以容易生长在角化的表皮、毛发和指甲、趾甲等处。灰指甲就是由一种称为毛癣菌或另一种称为表皮癣菌的真菌引起的甲癣，患者指甲失去光泽，角质增厚、变形，有时奇痒难耐，还很不好看。

此外，毛癣菌以及小孢子癣菌侵犯人的头皮、毛发可产生头癣或黄癣。因为这种真菌的感染可以引起皮肤产生小脓疱或黄色斑块，甚至发出鸡屎样臭味，最后因侵犯皮肤毛囊导致毛发脱落，待到结痂愈合后，在患处留下疤痕，不再长发，所以这种真菌感染在中医上称为秃疮。以前人们常取笑称之为"癞痢头"。鲁迅先生笔下的阿 Q 就是被人们取笑的"癞痢头"。如今由于人们生活改善，注重皮肤卫生，又有较好的治疗办法，如拔发后涂抹碘酊，或是口服灰黄霉素、酮康唑等，黄癣已极少见到，但在少数地区尤其在小学生中不时还会碰到。

第二章
SARS 会再来吗

▼

  2002 年 11 月的一天，广东深圳晴空万里，大街上熙熙攘攘，一家酒楼早茶客来客往，生意兴隆。但在后厨，一位大厨却感到全身难受，不久便开始发热，畏寒，全身乏力，送医院后被当作感冒治疗。后来回家休息十天左右，发热仍然不退，症状未见改善，更不幸的是接触患者的几位医护人员也出现了类似于患者的症状。患者也因病情加重、呼吸困难而用呼吸机抢救才慢慢恢复健康。深圳大厨拉开了抗击 SARS 的悲壮大幕，人们曾称它为"没有硝烟的战争"。

自 2002 年 11 月在我国广东出现非典型性肺炎疫情以来，短短的两个多月里，该疾病便扩散到国内 24 个省、直辖市、自治区。在全球共波及亚洲、美洲、欧洲等 32 个国家和地区。该新发疾病虽然可累及多个脏器，但主要是呼吸系统。经过世界卫生组织（WHO）所建立的 9 个国家 13 个网络实验室的共同联合攻关，终于在 2003 年 4 月 16 日于日内瓦宣布，该疾病是由一种新的冠状病毒引起的，并将其命名为 SARS 冠状病毒（图 2-1）。SARS 即是严重急性呼吸综合征之意，我国则习惯称它为"非典型性肺炎"（或称不典型性肺炎），简称"非典"。严格说 SARS 与"非典"是不可等同起来的。"非典"是相对于"典型肺炎"而言的。典型肺炎主要是由肺炎双球菌引起，但也可以是由肺炎链球菌，甚至金黄

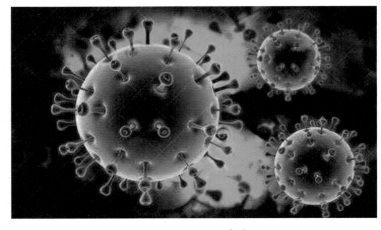

图 2-1　SARS 病毒

色葡萄球菌等引起的肺部炎症，最多见的如大叶性肺炎，用细菌学以及 X 射线检查能作出正确的诊断。非典型性肺炎是多由病毒、支原体、衣原体、立克次体或其他微生物引起的急性传染病，它们多经由空气飞沫或分泌物传播，而且传染性强，常呈现聚集传播的特点。

由于非典型肺炎产生的症状、肺部体征，以及血象改变都不像典型肺炎那样明确、典型、富有特征性，所以医生便把这一类疾病称为"非典型性肺炎"。因为人们一开始便将 SARS 称为"非典"，因此在一般人的口头中，"非典"即指"SARS"，但对

于医生来说，"非典"与"SARS"不是一回事。

▶ 二、SARS 病毒从何而来

21 世纪之前，人们从未听说过 SARS，更不知道还有这种病毒。那么 SARS 病毒从何而来呢？

自从 2002 年出现 SARS 后，人们立即着手进行病毒的分离研究。因为第一例患者是厨师，经常接触果子狸（图 2-2），于是 2003 年初，我国科研人员便开始从果子狸标本中分离 SARS 病毒。俗话说"功夫不负有心人"，果然在 6 只果子狸标本中分离得到 3 株 SARS 样病毒，另外还从 1 只貉标本中分离到 1 株类似于 SARS 的病毒。因此人们开始怀疑果子狸便是 SARS 的传播者，但是问题又来了，难道传播者只是果子狸吗？因为其他动物也可检测到病毒阳性，如某些鼠类、浣熊。另外，也不是所有的果子狸都携带有该病毒，尤其广东以外的果子狸一般都不携带！它们是否是"不幸"感染上的呢？为此，大多数科学家认为果子狸是"无辜的"，它们并非天然宿主，可能只是中间宿主，一定还存在着自然状态下的"天然宿主"。SARS 病毒是一种喜温、怕冷、不耐热的病毒，它不可能在体温超过 37 ℃的动物体内生长繁殖。病毒的天然宿主必须长期携带 SARS 病毒而自身不会发病，而且它们还应存在一定的群体感染率。在众多候选考虑的动物中，科学家首先想到的是蝙蝠，因为蝙蝠体内存在着非常特殊与强大的免疫系统，在漫长的进化过程中，它们进化出一种强大的特殊免疫力，尽管体内携带上百种病毒，有的还是十分剧烈的病毒，如汉坦病毒、狂犬病毒、尼帕病毒等，但却不发病，蝙蝠是最常见的天然宿主之一。据估计，全球有 1 300 多种蝙蝠，那么哪种蝙蝠是主要的或是唯一的天然宿主呢？中国科学院武汉病毒研究所的科学家石正丽和崔杰为了找到答案，他们不畏艰险，深入云南、陕西、四川等处的山林，终于在云南某处的山洞中发现了一种称为中华菊头蝠（图2-3）的蝙蝠，它们是真正的天然宿主。因为在64份该类蝙蝠粪便颗粒中以及肛拭子样品中均检测到SARS病毒的RNA，而且在同一个洞穴中的蝙蝠所携带的SARS病毒呈高度多样的特征，此外还分离出大约300个蝙蝠冠状病毒序列。至此人们已基本上可以断定菊头蝙蝠是SARS病毒的天然宿主，果子狸只是过渡性的中间宿主。

图2-2　果子狸

图2-3　中华菊头蝠

小辞典

中间宿主

寄生虫或病原微生物在进入"终宿主"前所寄生的动物。

▶ 三、SARS 是怎么传播给人的

据统计，自2002年11月在广东省发现第1例SARS病例至2003年8月7日（此时SARS已基本消失），全球累计发病例数为8 422例，依据报道病例计算，平均死

亡率高达 10.8%，即死亡人数达 916 人。SARS 似乎是一种"来无影，去无踪"的烈性传染病。虽然现已证明中华菊头蝠是天然的 SARS 病毒宿主，但真正密切接触菊头蝠的人并不会很多，真正吃果子狸的人也不会很多，不可能那么多人都是由蝙蝠或果子狸传染的。临床观察表明，SARS 患者是最主要的传染源。患者在刚出现症状时即具有了传染性，而且随病情进展传染力逐渐增加。频繁咳嗽、持续高热时是传染力最高的时候，一旦体温恢复正常，传染性就逐渐降低。我国对患者发热期间实施极为严格的隔离是使 SARS "悄然而退"的主要因素之一。除了患者是主要传染源之外，病原也有可能来源于其他动物，如蝙蝠、果子狸、野猪、野兔、鸟、蛇、獾等，因为用血清学检测或一种称为聚合酶链反应（PCR）的技术可以获得阳性结果。从中华菊头蝠或果子狸分离得到的病毒与 SARS-CoV 患者的基因序列高度符合。

临床观察证明，病毒是经由呼吸道传播的，尤其近距离接触更是危险，因为更易吸入患者咳出的含有病毒颗粒的飞沫。另外，也可以通过手与手的接触传播，将患者的分泌物、排泄物经口腔、眼结膜、鼻黏膜进入接触者体内，但是否可以通过血液、胃肠道以及性传播，尚有待观察。迄今尚无证据表明蚊子、苍蝇、蟑螂等昆虫可以传播 SARS 病毒。

▶ 四、SARS 的确诊与治疗

为了防止 SARS 的传播，在 SARS 流行期间，我国采取了极为严格的隔离制度，除了确诊病例外，对疑似病例（即具有符合某一传染病的症状与体征者）以及与确诊患者接触者都要隔离观察。其中最主要的是每天要进行数次的体温测定。但真正要确诊 SARS，还需要做系列的检查才能确诊。

SARS 患者起病急、进展快，多以发热为首发症状，并以高热为主，而且即便使用抗生素 3 天以上体温也无降低趋势，这是因为抗生素不能杀伤 SARS 病毒。此外多伴有头痛、全身肌肉关节酸痛。由于呼吸系统是 SARS 病毒攻击的主要器官，咳嗽也是最常见的症状之一，但一般多为干咳、少痰，少数患者有痰液并伴有血丝，随着肺部病变的进展，患者会出现胸闷，严重者呼吸急促，甚至出现呼吸困难，需用呼吸机辅助呼吸。少数患者可出现消化道症状，如腹胀、腹泻、恶心、呕吐等。

化验检查往往白细胞计数正常或降低（一般细菌性炎症白血病计数是升高的），尤其是淋巴细胞绝对计数低于 1 000 个 / 立方毫米。特别是称为 CD4 和 CD8 的淋巴细胞数均降低。X 射线检查可发现患者肺部有斑片状浸润型阴影。SARS 的最终确诊要靠从患者的血液或分泌物中分离到 SARS-CoV。

小辞典

淋巴细胞

是血液和组织中最重要的一种免疫细胞，呈圆形，细胞核圆形或椭圆形，一侧常有小凹陷，细胞质较少。CD4 和 CD8 是成熟 T 淋巴细胞的表面标志物。CD4/CD8 比值低，表明机体免疫功能下降。

SARS 的早期治疗需采取综合治疗，主要包括吸氧以保证氧供给与氧消耗的平衡，投用抗病毒药物利巴韦林。此外用激素抑制严重和广泛的炎症反应，以及全身支持治疗和重要器官如心脏、肺、肾脏等的功能保护，钟南山院士（图 2-4）提出的"三早三合理"的治疗方案（早诊断、早隔离、早治疗和合理使用糖皮质激素、合理使用呼吸机、合理治疗并发症）挽救了许多患者的生命。

有时医生考虑到患者的免疫功能低下，且合并有细

图 2-4　钟南山院士

菌感染，也会适当选用某些抗生素，如头孢类抗生素、青霉素或大环内酯类抗生素的联合使用。非常遗憾的是，迄今尚无可以特异性抗 SARS 病毒的药物。但从恢复健康的 SARS 患者的血浆中提取的免疫球蛋白往往能起到良好的疗效。

▶ 五、SARS 还会再来吗

SARS 的阴影已消失近 20 年了，但提起 SARS 还会让人有些后怕。人们肯定会产生"SARS 还会再来吗"的疑问。诚然，谁也不能妄加断论，但有几点警示是客观的。第一，在自然界 SARS 病毒肯定存在；第二，病毒是会变异的，变异后的病毒是毒力更强还是减弱，人们不得而知；第三，SARS-CoV 的自然宿主与中间宿主是客观存在的，不可能灭迹；第四，出于某些原因或是偶然性，人们有可能还会接触到自然宿主与中间宿主，比如说还会有人喂养果子狸，并以它们为食。不少村庄与蝙蝠的洞穴相距很近，那里的村民更易与蝙蝠邂逅。正是由于上述因素的存在，我们要增强防范意识，不能让 SARS 再次危害我们人类社会。

第三章
鸡也得了流感

▼

　　和我们人类一样，鸟类也会患上流行性感冒，简称为禽流感，民间多称之为"鸡瘟"。这是一种由甲型流感病毒引起的禽类传染性疾病综合征。一般情况下，禽流感病毒并不容易使人发病，但也存在可感染人的禽流感病毒亚型，尤其有高致病性的 H5N1，以及在2013 年造访我们人类的 H7N9，造成了较多的伤亡，而且重创了家禽养殖业。迄今禽流感与禽类及人类相伴相行已有 100 多年，它也是我们的宿敌。

或许有人会问,有人流感,有禽流感,有猪流感,是否还有牛流感、马流感呢?不错,的确有牛流感和马流感。许多动物和我们人类一样会感冒。自古以来,感冒如影随形地死缠着我们人类及动物,无论是奔走于荒郊野外、嬉戏于清水荷塘的野生动物,或是养尊处优的人类宠物都难以幸免。迄今报道的除了我们人类以外,还有猴子、大熊猫、雪貂、猪、牛、马、兔子、老鼠、鸡、鸭、天鹅、蝙蝠、老虎等也会"感冒",相信随着研究与观察的深入,还会发现有更多的动物加入"感冒行列"。

之所以有那么多动物和我们人类一样会患感冒,原因在于有的流感病毒有很强的致病性,以及流感病毒多种多样,而且还会变异,使得机体一时难以"识别"与"应对"(图4-1)。迄今为止已确定流感病毒至少有3型,即甲(A)、乙(B)、丙(C)型。但近年来又发现牛也会患流感,因此在流感病毒中又添加了一个新成员,即丁(D)型。通常动物流感不会感染人,人流感也不会传染给动物。然而有一种与我们人类密切相关的动物——猪,是个特例。除了猪与猪之间可以传播流感病毒之外,它们也"接受"人流感病毒,以及禽流感病毒。更不幸的是,有的动物流感病毒,如禽流感病毒及猪流感病毒入侵我们人体后,不但可以适应我们人体环境,还会引发感染,造成在人类社会中的大流行。

禽流感病毒有15个亚型,可分为高致病性、低致病性和非致病性三大类。在这些病毒株中,H5和H7亚株最常造访我们人类,它们都属于高致病性禽流感。比如H5N1甲型流感病毒,原以为它只是一种鸟类病毒,后来证明它也可感染人,是禽类与我们人类共同的病原体。此外,H7N9也可以感染人。

顾名思义，禽流感是发生于禽类的一种急性传染病。其病原是 A 型流感病毒，该病毒除了可感染鸡之外，还可在鸭、鹅、火鸡、天鹅、鹦鹉、鸽、水禽、海鸟等中传播，甚至在猫、猪、流浪狗和老虎中传播。一般情况下禽流感病毒并不容易侵犯人类。但是，如前所述，该病毒表面含有两种蛋白质，一种是红细胞凝集素（简写为 H），一种是神经氨酸酶（简写为 N），H 有 1~15 个亚型，N 有 1~9 个亚型，由于 H 和 N 的组合不同，病毒株也有多种，它们的毒性和传播速度也不尽一致。在众多的禽流感病毒中 H5 和 H7 两种亚型由于有高致病性，常引发禽流感流行。

1918 年，正值第一次世界大战之际，美国堪萨斯州的军营里暴发出流感，接着很快传播到西班牙、英国、法国以及中国。在一年多的时间里，全世界有大约 10 亿人感染，4 000 万人死亡。由于西班牙感染人数高达 800 万，甚至国王阿方索十三世（图 3-1）也得了感冒，所以此次流感被称为西班牙流行性感冒。后来，科学家经过对死于本次流感的遗体样本分析它们的基因组特征，才最终确定本次大流感的罪魁祸首是甲型流感的 H1N1 病毒株（但也有人认为它是猪流感病毒）。因此，西班牙被"冤枉"了，被"污名化"了，实际上该病毒最早是来源于美国。另外，专家们根据甲型流感病毒表面会不断变异，不时出现新的亚株，推测甲型流感可能每十余年会发生一次大流行。1993 年 5 月香港也有一次小规模暴发，感染者 18 人，死亡 5 例。2005 年 10 月印尼又暴发一次规模不是太大的禽流感，受感染的 89 人中有 11 例死亡，也是 H1N1 引起的。此外，

图 3-1　西班牙国王阿方索十三世

流感还传播到土耳其、罗马尼亚等地区。2006 年 2 月，德国台根岛从 28 只死亡的野鸟体内检测到 H5N1 病毒，同时有 41 人感染了该病毒。近几年来，禽流感也不时光顾我国，每年都有散发病例或小的暴发。2013 年 3 月上海、安徽首先发现新的亚型流感病毒，经调查检测确定为 H7N9。不久，陆续在北京、江苏、山东、河南、福建、江西、台湾地区被发现。本次流感导致 131 人感染，37 人死亡。

▶ 三、禽流感在鸡和人体中的表现

由于禽流感病毒感染后死亡率极高，国际兽疫局将其定为 A 类传染病。但按病原体类型仍可分为非致病性、低致病性和高致病性三类。非致病性禽流感一般不会引起禽类的明显症状，但受感染的个体体内仍可产生病毒抗体。低致病性病毒感染可使受感染的个体出现轻度呼吸道症状与体征，如发出呼噜声、咳嗽、尖叫，以及肿头、肿脸、肉唇、肿胀等，此外食量减少、产蛋量下降。高致病性禽流感则上述症状更加明显（图 3-2），上下喙闭合不全、张口呼吸并发出"咕噜"声、流泪、流涕、昏睡、冠髯发绀（缺氧之故）、眼结膜出血、共济失调、扭颈、偏头与头部肿大，此时极易急性死亡。

一般情况下，禽流感病毒不容易感染人，更少有人因此而发病，但由

图 3-2　患禽流感的鸡

于病毒有多种亚型，而且有变异，人对其中的 H1 和 H3 相对易感。此外，对 H5 亚型也较为敏感。比如甲型流感病毒 H5N1 亚型可感染家禽以及其他多种鸟类，但在 1997 年 5 月之前未发现有过人类的感染，因此认为 H5N1 是一种新的人类流感病毒。尽管如此，迄今尚无禽类病毒人传人的证据，但避免与受感染的人直接接触还是必要的。

人可能通过以下途径接触 H5N1：接触受禽流感病毒感染的家禽及其粪便，尤其饲养人员、喜食活禽的人更需谨慎；直接接触到禽流感病毒，这对研究人员、人与家禽的医护人员来说可能性较多；接触受感染者的患者，这是患者亲属要特别注意的。

人接触传染源后通常 1~3 天内发病，潜伏期也有比这更短或更长的。禽流感早期症状与其他流感相似，一般都有发热，而且多在 39 ℃以上，伴有眼结膜炎、流泪、鼻塞、流涕、咳嗽、咽痛、头痛、乏力、全身不适、关节疼痛。部分患者有胃肠道症状，如恶心、呕吐、腹痛、腹泻，少数患者病情可能发展迅速，很快发生肺炎、肾衰竭及休克，死亡率高达 75%。

医生根据上述症状发展快慢及主要受累的系统，将它们分为 4 型：

（1）单纯型禽流感：此类最常见，类似普通感冒，病程 3~4 天，退热后全身症状好转，能较快地恢复正常。

（2）病毒性肺炎：此类患者呼吸道症状较明显，咳嗽、胸痛较剧，有黏痰，X 射线检查可发现两肺炎性阴影，病程一般 1~2 周，较严重者病程达 3~4 周。

（3）胃肠型流感：以胃肠道症状为主要表现，呕吐更为常见，但也同时伴有呼吸道症状。

（4）中毒型流感：此型比较凶险，多见于平时体质较差以及老年人患者，主要表现为极度虚弱、高热以及弥散性血管内凝血、血压下降、休克，死亡率很高。

▶ 四、禽流感的治疗及个人预防

对于在流行期间有高热者及伴有呼吸道症状者，应看作疑似患者，若有明显的与感染源接触者更应作为诊断禽流感的证据，血清学检查阳性即可确诊。

对于确诊病例，应严格实行隔离制度。同时服用抗流感病毒药物，常用药物有奥司他韦，这是神经氨酸酶抑制剂（神经氨酸是病毒外层的一种蛋白成分）。此外还有帕拉米韦、扎那米韦、金刚烷胺和金刚乙胺，它们对流感病毒也有抑制作用。中成药莲花清瘟胶囊、金花清感颗粒、板蓝根冲剂等对缓解症状也有一定帮助。对于重症患者应及时救治，加强护理。当前尚无特异的禽流感疫苗，但有的医生认为一般的流感疫苗也有一定的预防作用。

作为个人，应讲究卫生，平时注意锻炼身体，房间要保持空气流通。在禽流感流行期间要避免接触患者及疑似患者，不要去公共场所，如果非去不可，要戴卫生部门推荐的预防口罩，不可随便用市售的一般口罩。很重要的一点是回到家要先洗手。不要去自由市场购买未经检验、没有许可证的禽类食品，千万不能吃病死的鸡、鸭等。对怀疑有被禽流感病毒污染的空间（如房间、鸡舍、鸽子笼等）可用漂白粉消毒。有的特殊空间可用紫外线照射 30 分钟消毒。餐具如盘、碟、杯、碗可以煮沸消毒，一般保持 60 ℃以上 30 分钟即可。

疫区的家禽应忍痛捕杀，撒石灰后深埋，以防病毒再次复活与传播。对于有可能受到病毒感染的地区，其存活的禽类应接受疫苗注射。此外，其他畜禽（如鸽子、鹤等）需暂停野外放飞。若去禽类疫区，也需戴上口罩。

第四章
库鲁病及其"亲属"

▼

病毒被分为两类，即依据位于病毒体中心（核心）的化学成分是 DNA 或 RNA 而分为 DNA 病毒和 RNA 病毒。后来人们发现有更简单的核酸感染因子，于是又出现了亚病毒的概念，它包括类病毒和拟病毒。亚病毒主要影响植物发育与疾病。病毒与人类健康有密切的关系。根据现有的资料，人类的传染病约有 70% 是由病毒引起的，它们或是 DNA 病毒，或是 RNA 病毒。

但是，1982 年在对一种被称为羊瘙痒病研究的基础上，美国医生及病毒专家普鲁西纳证明羊瘙痒病并不是由 DNA 病毒或 RNA 病毒引起的，而是由一种分子量为 $3.0×10^4$ ku 的蛋白质感染因子引起的，他称之为蛋白质感染因子或朊蛋白，是它引起了人或牲畜的多种传染性疾病。朊病毒即为朊蛋白的异常形式，由朊病毒引起的疾病即为朊蛋白病,也称为朊病毒病。迄今已在人类中发现了库鲁病、克－雅病、吉斯特曼综合征、致死性家族型失眠症以及变异克－雅病。在动物中有羊瘙痒病、貂传染性脑病、慢性消耗性疾病、牛海绵状脑病，以及猫的海绵状脑病。

在南太平洋西部，有一个由大大小小600多个岛屿组成的美丽岛国。它西与印度尼西亚相接，南隔托雷斯海峡及珊瑚海，与澳大利亚相望，这就是巴布亚新几内亚。大部分群岛属热带雨林气候，这里聚集着许多民族，主要有美拉尼西亚人和巴布亚人，也有少数华人。

巴布亚新几内亚不同民族有不同的风俗习惯与文化传统，其中居住于东部福禄山区的福禄人曾经有一种极不良的风俗习惯：在传统的宗教仪式上，将死者的头颅剖开，祭祀者们将死者的脑髓吃掉，或生吞死者的肌肉。直至2012年，还有食人族吃掉巫师大脑、吸干其血液的报道，他们认为这样是对亲人的哀悼与尊敬，同时也可让自己身体更强健。

20世纪50年代，一支以美国医生和病毒学家丹尼尔·卡尔顿·盖达谢克（Daniel Carleton Gajdusek，1923—2008年）（图4-1）为首的科学家来到巴布亚新几内亚考察，他们惊奇地发现，福禄人部落中流行一种被当地土著人称为"库鲁"的笑死病的疾患。疾病多从关节疼痛、头痛、乏力、体重下降开始，继之发生行走困难、手脚颤抖，直至发展为肌肉抽搐、不能站立、语言障碍与记忆丧失等症状（图4-2）。多数患者因长期卧床，并发压疮（即压力性溃疡或称褥疮）、感染或肺炎。大部分患者在发病的6~12个月内死亡，有的患者存活时间还会更短，存活5年者极少见。那么，为什么会叫笑死病呢？因为患者大脑发生病理改变，会不时、不自觉地发出莫名其妙的笑声，而"库鲁"的方言是颤抖之意。

图4-1　丹尼尔·卡尔顿·盖达谢克

图 4-2　患库鲁病的小孩

盖达谢克敏锐地将这种"笑死病"与该部落的宗教习俗联系了起来。科考队对"库鲁病"进行直接的临床、病理以及流行病学研究，他们最终用实验证明，若用病变组织尤其是死者的脑组织接种于其他动物，动物也可以发生库鲁病，从而初步揭开"笑死病"传播之谜。

1960 年，在世界卫生组织（WHO）的倡导和巴布亚新几内亚政府干预下，福禄族改变了一些落后的风俗习惯，废除了剖开死者头颅用作祭奠的礼仪，禁止食用人脑和人肉。自此，库鲁病的发病率逐年下降，至今已极少发生。正是由于盖达谢克的先驱工作，1976 年他被授予诺贝尔生理学或医学奖。

虽然盖达谢克证明库鲁病与吃人脑或吃人肉有关，但当时其真正的病原体是什么仍不清楚。科学家们推测可能是一种慢病毒，所谓慢病毒是指这类病毒能引起一种缓慢的、持续的感染过程，从感染到发病有较长的潜伏期，可以达数月、数年，甚至十余年。另外，这一慢病毒似有特定的"靶器官"，这就是大脑和神经系统。正因为此，神经系统的症状也就成为患者的主要临床表现。

▶ 二、它们是否为"姐妹病"

为了研究库鲁病的传播，科学家进行了艰苦卓绝的工作，他们观察到死者的脑子呈现出"海绵状"的外观，这是由脑组织中产生许多小孔引起的。病理切片检查则揭示，脑细胞出现空泡化而坏死，此外，还有许多纤维细胞增生，形成斑块。由于这些疾病及病理改变独立于库鲁病的观察，且由德国神经科学家克罗伊茨费尔特（Creutzfeldt）

和另一位神经病学家雅各布（Jakob）最早发现并详尽报道，因此将它称为克罗伊茨费尔特－雅各布病，也就是目前为人们更熟知的简称为克－雅病。

克－雅病的全球年发病率为1/100万人，5%~10%的病例有家族史，此外，该病易感者是中老年人，以55~65岁者为多见。克－雅病患者的症状与库鲁病相似，按症状出现早晚及新累及的器官与部位，通常可以分为以下8组：

（1）前期症状，诸如注意力不集中、凡事漫不经心、易疲劳、头晕、下肢乏力、情绪低落等。

（2）举止行为发生改变，常表现为走路蹒跚、持物不稳，伴有智能减退、情感反应迟钝，甚至失语。

（3）大脑皮质功能损害，判断和计算能力下降，痴呆以至不认识亲人。

（4）与躯体运动相关的大脑结构，主要是锥体系和椎体外系失去控制能力，因此可产生如手指徐动、搓丸样动作、舞蹈样动作。

（5）肌肉痉挛，即俗称的抽筋，是指肌肉产生不自主的强制性收缩，造成肌肉僵硬疼痛和压痛。肌肉痉挛可发生于单侧某组肌群，也可以发展成双侧肢体某个肌群或多个肌群，因此也可累及肌肉附着的关节，导致关节活动受限。

（6）若疾病累及小脑，则可发生非自主性，而有节律性的眼球摆动或跳动，即所谓"眼球震颤"，此外还可发生共济失调，即肢体发生运动障碍不能互相协调，因此不能维持躯体的正常姿势和平衡。

（7）疾病若累及视觉系统，患者会出现视力模糊，视物不清变形，视野缩小，复视，最后可能失明。

（8）极少部分患者可出现惊厥症状，俗称抽风。表现为肌肉抽动、眼球上翻、神志不清，甚至呼吸暂停。大多数克－雅病患者可能不发病，也可能在发病后的6~12个月死亡，有的存活时间更短，发病后存活5年或5年以上者极少。患者最终的死亡原因大多是感染或全身衰竭，即机体有多个器官功能丧失。尤其是重要器官的衰竭，如心脏衰竭、肾衰竭，此时患者几乎100%死亡。我国郭玉璞教授最早于1986年报道过2例亚急性海绵状脑病病例，另据报道我国2015年诊断为克－雅病的患者有134例。

【小贴士】锥体系

锥体系是人体运动传导通路的组成部分，由运动（下行）通路的上运动神经元及其突起组成，包括皮质脊髓束和皮质核束，直接或间接终止于脊髓前角细胞或脑干内的脑神经躯体运动核。

小辞典

锥体外系

锥体外系是指中枢内除锥体系以外，影响和控制躯体运动的其他神经传导路径，其结构颇为复杂，它们经多条路径中继（包括大脑皮质、纹状体、背侧丘脑、红核、黑质、前庭神经核、小脑等），最后终止于脊髓前角细胞或脑神经躯体运动核。

▶ 三、牛也会得库鲁病

20 世纪 80 年代人们发现有一种动物的疾病，无论症状以及脑部病变均与库鲁病和克－雅病颇为相似，这就是疯牛病。该病发生在 1986 年英国东南部一个名为阿福什德的小镇农场，一名养牛工人发现所饲养的牛群中有一头牛行为异常，走路左摇右晃，整天无精打采，有时还烦躁不安，后来发现另外4头牛也出现类似的情况，最后其中1头牛口吐白沫，倒地死亡。由于它们的举止像是"疯"了一样，于是称之为疯牛病。病理解剖揭示患疯牛病的牛的大脑也呈现与克－雅病相似的病变，即脑组织中存在许多小孔，脑细胞空泡化、坏死。此外，还有许多纤维细胞的增生，并形成斑块，这些病理改变使得牛脑呈海绵状的外观，因此称之为牛海绵状脑病，简称BSE。不幸的是自阿福什德发现第一例疯牛病之后，该病在英国迅速流行起来。接着法国、德国、葡萄牙、爱尔兰以及瑞士也相继发现疯牛病。到21世纪初，据英国农业和渔业部以及国际流行病学组织调查，全球共发现病牛185 874头，其中英国发现182 581头。所幸的是我国制订了严格的疯牛病监测与流行病学调查计划，迄今我国还没有疯牛病的报道。西欧流行病学的调查认为，疯牛病之所以先在西欧国家流行起来，与从英国进口牛肉和牛肉制品有关。科学家认为疾病的传播是由于将牛屠宰后把一些牛的内脏制成粉剂加入牛饲料中饲养牲畜所引起，甚至有报道称人吃了患疯牛病的牛肉后患上了克－雅病，引起了全世界对疯牛病的恐慌。欧洲共同体一度严禁英国牛肉和牛肉制品，以及30多种与牛有关的药品出口，英国也为此宰杀了15万头拟患疯牛病的牛并全部焚烧灭迹。

虽然人类采取了各种严格的防御措施，但是进入21世纪以来，从英国和西欧一些国家仍不时传来关于疯牛病的报道，甚至日本也有发生疯牛病的报道，韩国则报道有疑似克－雅病的患者，21世纪初美国也曾出现疯牛病疫情。另外，据世界动物卫生组织（OIE）消息，2017年7月在美国阿拉巴马州佩里县出现牛海绵状脑病的疫情，更加引起人们的恐慌，因为进口美国牛肉的国家很多，我国也曾是美国牛肉的进口大户。

▶ 四、真是一对"难兄难弟"

由于人们专注某一件事，往往会忽略另一相关事件。其实，早在人们发现疯牛病之前，有人便注意到羊也会得一些怪病，而且与疯牛病有许多相似之处，它们真的是一对"难兄难弟"，"有福共享，有病同患"。

早在 300 多年前，人们便注意到羊也有类似疯牛病的疾病，称之为羊瘙痒病。它可以出现在山羊或绵羊身上，表现为患畜丧失协调性，站立不稳，烦躁不安，因奇痒而用嘴狠咬皮肤，造成大片脱毛，最终多因瘫痪于发病后 3 个月内死亡。1936 年研究者将患病动物的脊髓制成匀浆，将其注射到健康羊体内，导致后者发病，证实了羊瘙痒病为一种传染性疾病。1966 年英国放射生物学家阿普用放射性处理病羊的 DNA 和 RNA，发现其组织匀浆仍有感染性，认为羊瘙痒病的致病因子并非核酸 DNA 或 RNA，而可能是蛋白质，病理学家发现病羊的脑组织也呈现疯牛的海绵状改变。

除了绵羊和山羊之外，现也在其他动物中发现这种瘙痒病，其中包括林羚、长角羚、阿拉伯羚羊、弯刀羚羊、安科拉长角牛、北美野牛，甚至在猫科动物如美洲狮、非洲狮、印度豹中也发现有类似病例。更为严重的是，在挪威有许多猫因为喂食可能受到污染的饲料而发病。至于在羊群中，更多见的传染方式为垂直传播和水平传播。垂直传播又称母婴传播，或称围产期传播，指病原体通过胎盘、产道由亲代传播给后代的方式。所谓水平传播是指病原体通过黏膜、皮肤在群中个体间的传播方式。

▶ 五、普鲁西纳的创新学说

克 - 雅病、疯牛病以及羊瘙痒病之所以那么诡异恐怖，不仅是因吃人肉、嗜人脑髓这种"人吃人"怪癖所致，有的则由于牛及其他动物如猫、羊等进食饲料中掺有牛骨粉或牛体残余制成的添加物，即所谓"牛吃牛""猫吃牛"所造成。但传染源究竟是什么呢？前面我们已经提到，这些疾病的病原体显然与一般的病原体不同，它们不是脱氧核糖核酸（DNA）或是核糖核酸（RNA），因为即使将 DNA 或 RNA 灭活变性，只要将病牛组织的匀浆注入动物体内，仍可诱发动物的疯牛病。这一异乎常规的问题，引起了美国加州大学旧金山分校神经病学家普鲁西纳（Stanley Prusiner，1942—）的兴趣（图 4-3）。1972 年，他的一个患者患克-雅病，当时他束手无策，患者最终去世，

图 4-3　斯坦利·普鲁西纳

这件事激发了他对该病的病原体研究。经过 8 年的努力，他认定克-雅病的病原体是不含 DNA 和 RNA 的蛋白质，他将其命名为朊蛋白。他的解释是一种"病态"的蛋白质，它可以"变形"。如果将正常的蛋白质与病态的蛋白质置于同一试管中时，正常的蛋白质也变成"病变"的蛋白质。此时氨基酸的组成也发生了改变，具体地说比如脯氨酸改变成为亮氨酸。变性后的蛋白质可以在病畜的脑组织中形成淀粉样斑块，从而造成各种症状，并且使脑组织呈现海绵状的外观，最终导致脑细胞死亡。鉴于普鲁西纳的创新性突出贡献，1997 年他被授予诺贝尔生理学或医学奖。

　　然而，尽管人们已揭示了库鲁病、疯牛病、克-雅病以及羊瘙痒病的病原体，以及它们之间的可能联系，但对这些神秘的疾病仍有许多问题尚待进一步阐明，这些问题是：蛋白质为什么会"变形"？"病态"的蛋白质是如何引起正常蛋白质也"变形"的？"病态"的蛋白质是如何复制自己的？人的克-雅病是否是由牛海绵状脑病传染的？

　　自普鲁西纳提出朊蛋白的病原假说后，医学家们将库鲁病、疯牛病、克-雅病以及羊瘙痒病均归于朊蛋白病或称普里安病。除此之外，还有几种病也是由朊蛋白引起

的，其中有人类的朊蛋白病，包括格施沙综合征、致死性家族失眠症、变异克－雅病，以及动物朊蛋白病，其中有貂传染性脑病、猫的脑海绵状脑病，以及见于骡鹿和麋鹿中的慢性消耗性疾病。

令人非常遗憾的是目前尚无治疗朊蛋白病的有效药物，多为对症治疗或是支持治疗，减轻患者的痛苦，尽量延长生存期。特异性疫苗也正在积极研发，主要策略是制备针对朊蛋白的抗体，阻止疾病的发生发展。有学者提出应探索找到能分解朊蛋白的酶类或药物，使朊蛋白失去感染性，这也不失为一种有效途径。

我国一贯主张疾病的预防重于治疗，为预防朊蛋白病，必须采取强有力的措施。从上述我们对朊蛋白病的描述，下述预防途径无疑是绝对重要与有效的。

（1）疫情监测、及时上报，以便阻断疾病的传播与蔓延。

（2）对病畜的焚毁、牧场的灭毒。

（3）对患者的隔离与排泄物的灭毒。

（4）严禁在饲料中添加反刍类动物蛋白成分。

（5）严禁从疫区进口动物肉类及相关产品，同时要加强对相关产品的检疫与提高检验能力。

在这些可怕疾病向我们人类与动物袭来之际，我们人类，甚至牲畜与野生动物都是"命运共同体"，只有全球协作，共同战斗，才能赶走这些"瘟神"。

第五章
寨卡病毒的恐慌

▼

寨卡病毒似乎是"突然"冒出来的一种新病毒，人们对它或许不怎么熟悉。其实早在20世纪40年代，科学家就已在非洲乌干达研究黄热病时，在寨卡丛林的一只发热的恒河猴身体中发现了它，故命名为寨卡病毒。不久又于50年代在乌干达及坦桑尼亚人群中分离得到，1954年在尼日利亚出现第一例人类感染寨卡病毒病例。不料，21世纪初寨卡病毒在澳洲的波利尼西亚大流行，约有32 000人受到感染，并且自2015年以来竟在中南美洲和加勒比海地区传播开来，至今已有20多个国家出现感染病例，其中巴西最为严重，短短8个月内有150万人感染。2016年1月1日，世界卫生组织（WHO）宣布巴西出生儿缺陷的激增，尤其一种被称之为"小头畸形"的缺陷与寨卡病毒感染有关，一时间引起人们的惊恐与关注。

　　寨卡病毒属于黄病毒科，与西尼罗病毒、乙型脑炎病毒、登革病毒同归于黄病毒属，为单股正链 RNA 病毒，直径约 20 纳米。但迄今未将它列入出血热病毒，也未列入生物战剂。迄今对寨卡病毒的自然宿主还未明确，但比较明确的是恒河猴为其主要的中间宿主，更加明确的是该病毒由一种称为埃及伊蚊（图 5-1）传播，所以属于虫媒病毒。因为研究者发现寨卡病毒的传播往往与另一种称之为切昆贡亚病毒的疫情"结伴而行"，而且这两种病毒都是由埃及伊蚊所携带。更令人惊奇的是，当切昆贡亚病毒由西向东蔓延，则寨卡病毒"形影而来"。但迄今为止未能证明人与人之间可相互传播。

图 5-1　埃及伊蚊

　　如果说病毒是元凶，那么埃及伊蚊则是"帮凶"。世界上有 3 000 多种蚊子，其中最常见的 3 个属为伊蚊、按蚊和库蚊。伊蚊俗称"花蚊王"，分布于全世界，中国有 100 余种，分布于埃及的称为埃及伊蚊。伊蚊喜欢在小型积水处滋生，在我们人类生活社区废弃的缸、盆、桶、碗，甚至废弃的轮胎，以及树洞、石穴等处滋生与躲藏。雄蚊一般只吸一些叶间露水生存，但雌蚊会吸血，而且十分凶猛，一般白天行动，近黄昏和早晨是叮人高峰。除了吸人血外，它也会叮咬牛、马甚至鸟类。

当伊蚊叮咬过寨卡病毒感染患者或病毒携带者后，再继续叮咬第二人，则后者可被感染。除此之外，寨卡病毒也可通过母婴、血液和性传播。虽然在人的尿液和唾液中也能检测到寨卡病毒，但迄今为止还没有证据表明通过尿液、唾液是否可以传播病毒和造成感染。目前有证据显示，寨卡病毒在人类血液中可存活停留1周左右，在精液中可以存活2周左右。

▶ 二、寨卡病毒感染后的表现

感染寨卡病毒后，并不是所有人都会发病，据医生和科学家的统计大约只有20%的人会出现症状，常见有低热、皮肤出现斑丘疹、结膜炎、眼眶痛、肌肉痛、手足小关节疼痛。少数人还可出现胃肠道症状，包括恶心、呕吐、腹痛等，通常这些症状持续1周左右消失，少数感染者还可能伴发格林－巴利综合征，这是一种罕见的神经系统自身免疫性疾病，患者肌肉力量减弱，疼痛敏感性降低，出现戴手套和穿袜子的感觉，甚至短暂的麻痹，一般持续数天后消失，并逐渐恢复。

人们之所以对寨卡病毒感染感到惊恐，主要是因为其感染后或流行期间，孕妇产下很多小头畸形儿。所谓小头畸形是因为脑发育不良，头颅小于正常婴儿，主要是因囟门提早闭合所致，也因此头部形态异常，多见头顶小而尖、前额窄、枕部平等特征。据统计，寨卡病毒感染暴发前的2014年，巴西小头畸形病例不到150例。然而，从2015年3月至2016年3月，已经报道的小头畸形的病例达6 500例，且患儿的母亲大多感染了寨卡病毒。

小头畸形与寨卡病毒的关联迄今虽不十分确定，但现有多方面的证据支持它们可能为因果关系。除了上述流行病学调查之外，已在死亡患儿大脑组织中发现了寨卡病毒，另外在胎盘和羊水中也检测到了该病毒。中国科学院遗传与发育生物学研究所许执恒研究团队与军事医学科学院微生物流行病研究所秦成峰研究团队合作研究证明，将寨卡病毒直接注入发育的小鼠胚胎中可快速复制，甚至扩增 300 多倍，并感染神经干细胞，造成神经干细胞的增殖和分化异常，致神经元大量死亡，最终导致大脑皮质变薄及小头畸形的形成。中国科学家的研究结果最直接地证明了寨卡病毒与小头畸形的关系。

▶ 三、寨卡病毒感染的防治

由于目前尚未有特异、有效的抗病毒药物治疗，大多数感染者病情不是太严重，因此一般只对患者进行对症治疗，即针对发热、关节痛、头痛、胃肠道症状、皮肤瘙痒及斑丘疹采取相应药物治疗，缓解症状。此外，患者应该充分休息，补充足够的水分。

预防寨卡病毒感染最主要的措施是避免蚊子叮咬。为此要切断传染源，在流行期间不要去病毒高发区，尤其是可能怀孕的女性。如果非去不可，一定要穿上长袖、长裤，减少身体暴露部位，暴露部位还应涂抹防蚊剂，蚊帐也是不可或缺的。

当前尚未成功研发出寨卡病毒疫苗，中国科学家已从首例输入性寨卡病毒患者的尿液中提取病毒样本，成功完成病毒全基因组测序。这一成果将为病毒的溯源、进化、诊断试剂、疫苗研发、疫情防控提供重要的平台。

第六章
生物战剂——出血热病毒及其他细菌武器

▼

在众多的生物武器中，病毒是常用的生物战剂之一，其中尤以出血热病毒更为常用。当前用于生物战剂的出血热病毒有4个不同的病毒种，即线状病毒科、沙粒病毒科、布尼亚病毒科和黄病毒科。近年来频频出现或"突然"出现并引起人们一度惊恐的病毒有属于布尼亚病毒科的汉坦病毒、属于线状病毒科的埃博拉病毒、马尔堡病毒以及属于黄病毒科的登革病毒、黄病毒。本章将介绍最常出现的汉坦病毒及埃博拉病毒的生物学性质及其引起的人类疾病。

1. 什么是汉坦病毒

汉坦病毒又称肾综合征出血热病毒。1978年由韩国病毒学家李镐汪从黑线姬鼠及患者中分离得到,因其实验基地位于汉坦河附近,而将这种病毒命名为汉坦病毒。我国也于同年分离到相似的出血热病毒,并且在人胚胎肺细胞培养中观察到病毒形态及繁殖方式。该病毒呈圆形或椭圆形,直径平均100~120纳米,核酸类型为单股RNA,病毒最外层有包膜,包膜表面有刺突(图6-1)。黑线姬鼠对该病毒极为敏感,是它的天然宿主,实验室人为感染后,10天即可在黑线姬鼠的肺、肾组织中检出大量病毒。除黑线姬鼠外,近年发现家兔、猫、大鼠、褐家鼠、小鼠,甚至猴、狒狒、长爪沙鼠对汉坦病毒也很敏感,也就是说它们也可能是汉坦病毒的宿主。

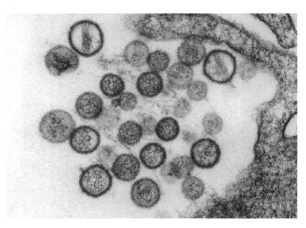

图6-1 汉坦病毒

除了用动物作为模型外,现在更多的是用细胞作为病毒繁殖的载体。常用的细胞是二倍体人胚肺细胞、人胚肺传代细胞系、非洲绿猴肾细胞以及仓鼠肾细胞等。用细胞培养的优点是操作相对简单易行,而且可随时观察记录,并且在控制培养的条件下,可以观察病毒生长和繁殖的改变,例如,在低pH条件下,病毒可形成融合细胞灶,在琼脂覆盖物下可形成空斑,长径可达1~3毫米,肉眼可以观察到。

汉坦病毒对脂溶剂如酒精、氯仿等较为敏感,对酸、热的抵抗力弱,在pH值5.0以下的液体中不能生存,在60℃温度下30分钟内即可被杀灭,它们最适的存活与繁殖温度是4~20℃。

2. 病毒的作祟

目前已知全球至少有 170 多种陆栖脊椎动物可以感染出血热病毒，但主要宿主是鼠科姬鼠属。该属有 13 种，我国有 6 种。常见的是黑线姬鼠，或称田姬鼠，该鼠长得像小家鼠，但体型略大，体长 6~12.5 厘米。体背毛呈棕褐色，从耳间沿脊背至尾部都有一条黑色的条纹，故名黑线姬鼠（图 6-2）。该鼠多生活于灌木丛、田埂、鱼池旁等较潮湿处，多以谷物为主要食物，偶尔也吃昆虫。当人接触带有病毒的动物或其排泄物、分泌物时，即可能被感染。除了动物源性感染外，也可以为虫媒传染，其中以恙螨与革螨的可能性大（图 6-3）。

图 6-2　黑线姬鼠

图 6-3　恙螨

病毒进入人体后 1~2 周开始引发症状，常见有高热、头痛、关节痛、肌肉痛、腰痛、腹泻、呕吐、球结膜水肿充血等。检查时可发现某些部位，如腋下及软腭等处有出血点。数天后病情加重，有多脏器出血和肾功能衰竭表现。典型的病程一般可分为 5 期，即发热期、低血压休克期、少尿期（24 小时尿量少于 400 毫升）、多尿期（24

小时尿量达 400~600 毫升）和恢复期。该病死亡率曾高达 20%~90%，近十余年来，随着临床与护理研究进展，死亡率已普遍下降。

小辞典

肾功能衰竭

肾脏是人体负责排泄代谢废物和毒素的重要器官，主要以产生尿液方式调节人体的水、盐代谢平衡。许多疾病都可能导致肾功能衰竭，如肾炎、肾盂肾炎、肾结核、高血压、糖尿病、痛风、烧伤，甚至如被毒蛇咬伤等。此时因肾不能将代谢废物排出并逐渐累积，引起尿毒症，危及生命。

3. 出血热防治原则

首先应对患者进行隔离，对那些可能受到生物恐怖袭击的人员和与患者有过密切接触的人群要进行严密的医学监测，每天测量体温，以及体检。发现有疑似病例也应隔离观察，对于他们的排泄物与分泌物可用过氧乙酸或含氯消毒液消毒。

由于目前缺乏特异的有效治疗药物，对出血热主要还以支持疗法为主，即旨在维持患者体液和电解质的平衡，维持循环总体积和正常的血压。有的国家或有的医生主张用抗病毒药利巴韦林以降低死亡率。

在疫区，尤其是"疫灶点"应采取高效灭鼠措施，在鼠类繁殖高峰前，即 4~5 月和 9~10 月各进行一次大规模灭鼠运动；同时还要开展灭螨活动，以消灭传染源；对于可能遭到出血热生物武器袭击的区域，要严密控制鼠类活动，要尽量避免鼠类迁居与侵袭人类居住区。

▶ 二、埃博拉病毒

1. 什么是埃博拉病毒

埃博拉病毒属于出血热病毒的线状病毒科线状病毒属。它属于迄今已知十余种流行性出血热病毒中较少见的一种，就目前所知埃博拉病毒只分布于非洲中西部，主要局限于刚果一带（包括利比里亚、塞拉利昂、几内亚、刚果民主共和国、乌干达、苏丹等几个国家）。该病毒最早于 1976 年在苏丹南部和刚果（原扎伊尔）交界处的埃博拉河地区发现并暴发流行，因此称为埃博拉病毒。之后于 1979 年和 1995 年在北非的苏丹、2018 年在刚果金又暴发 4 次。据统计，4 次暴发已造成 2 600 人感染，1 700 多人死亡，死亡率高达 66%~78%。有报道称东非也曾出现过埃博拉疫情，但未能确证。

现已知埃博拉病毒有 3 型，即埃博拉－扎伊尔、埃博拉－苏丹和埃博拉－莱斯顿，此外还有一种从黑猩猩体中分离到的一种称为埃博拉－科特迪瓦亚型。不同亚型埃博拉病毒的毒力不同，其中以扎伊尔型毒力最强，致死率最高，其次是苏丹型。莱斯顿型只对非人灵长类动物致病，未见有人的感染。科特迪瓦亚型主要感染黑猩猩，对人是否有感染性尚有待证实。

埃博拉病毒为单股负链 RNA，病毒约 100 纳米 ×（300~1500）纳米，最长可达 14 000 纳米。在放大数万倍的电子显微镜下可观察到病毒呈细丝状（图 6-4）。病毒在室温下稳定，对紫外线、0.1% 甲醛溶液、次氯酸、酚类消毒剂及脂类溶剂敏感，因此可选用这些试剂与紫外线照射来杀灭埃博拉病毒。

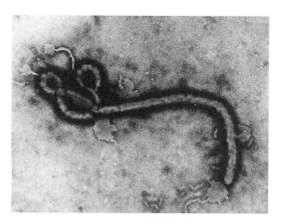

图 6-4　埃博拉病毒

2.病毒怎样侵入人体

埃博拉病毒宿主很多，包括人、猴、大猩猩、黑猩猩、豚鼠、仓鼠等，但多数科学家认为果蝠是埃博拉的天然宿主（图6-5）。此外，埃博拉病毒还很容易在培养的人或动物细胞中生长，如在人宫颈癌细胞系和非洲绿猴肾细胞系中生长与繁殖。

图6-5　果蝠

埃博拉病毒的传染源主要是患者和潜伏期的排毒者，传播途径主要是直接接触空气。另外接触患者的血液、排泄物、分泌物及受到污染的物品也可被感染。特别要注意的是，从当前研究与观察分析来看，人与人接触是最主要的传播方式。因此，照顾埃博拉出血热患者的医护人员需严密地保护自己，据统计护理人员占患者总数的25%。

人受到感染后一般1~2周突然发病。表现有剧烈的头痛（尤其在前额部位）、高热（常可达40℃）、咽喉痛、肌肉酸痛、腹痛、腹泻、恶心、呕吐、脱水、痉挛等。这些症状常持续1周左右，然后开始便血，或柏油样便，或者有咯血，或鼻黏膜、齿龈、结膜和阴道出血。一半以上的患者还可出现特征性的皮肤斑状丘疹。患者多因严重失血或休克于发病的7~16天死亡。

小辞典

柏油样便

粪便呈黑色，因有黏液而发亮如柏油，故称柏油样便。多由上消化道，尤其是胃出血引起。

3. 埃博拉出血热的防治

我国迄今未发现有埃博拉病毒（迄今已查明我国有 3 种出血热病毒，即肾出血热病毒、新疆出血热病毒及登革热病毒）。埃博拉病毒传染性强，感染后死亡率高、传播快、发病急，是属于致死性生物战剂。已知目前已有少数国家储存与培养埃博拉病毒，一旦在战争中一方使用埃博拉病毒，如果对方不具备防疫能力，不能采取有效措施，后果是很难设想的。

因为当前缺乏针对埃博拉病毒的特效药物与疫苗，所以对患者多以支持治疗为主，干扰素、免疫球蛋白、恢复期患者血清有一定的治疗和保护作用。最有效的预防措施是，一旦发现可疑患者，应立即严格隔离，同时上报相关部门。若发现感染的动物，立即扑杀，对可能受到污染的房舍、地区要彻底消毒。该病毒的实验操作应在 P4 级实验室中进行，工作室严防伤口及气溶胶感染。

> **小辞典**
>
> 气溶胶
>
> 是指液态或固态微粒在空气中的悬浮体系。在医学实验过程中，如样本采集、细胞培养与接种等操作易产生气溶胶并被吸入。

虽然多数国家及地区已认识到埃博拉的传染源及传播途径，非洲某些地区仍保留有一种危险的丧葬习俗，即死者尸体在埋葬前，内脏必须由女性家属亲手取出，葬礼上亲属还需直接触碰死者的尸体，下葬时更不许对死者施行消毒、严密包裹与深埋。因此对埃博拉病毒及出血热的科普教育也是十分重要的。

2014 年埃博拉疫情在西非塞拉利昂、利比里亚等国暴发流行，中国派出援非抗击埃博拉医疗队，远赴西非疫区参与抗击埃博拉出血热疫情，为有效控制埃博拉疫情做出了突出贡献。

▶ 三、肉毒杆菌

1. 什么是肉毒杆菌与肉毒毒素

生物战剂的范围很广，种类繁多，除了常用细菌、病毒以及其他生物或微生物之外，生物性毒素也常被使用。生物性毒素有别于化学性毒素，它是指某些致病性细菌或动植物在其生长繁殖过程中生成的有毒性作用的物质。如由银环蛇分泌的银环蛇毒素、由黄曲霉素产生的黄曲霉毒素（可致肝癌），由河豚产生的河豚毒素等。

肉毒杆菌在自然界中广泛分布，可以存在于土壤中，也可以在动物粪便中检出。不幸的是它们常寄居于香肠、腊肉、火腿，甚至罐头中，人们在食用过程中引起中毒，因此又称它们为"腊肠杆菌"。它们大小为（4~6）微米×（1.0~1.2）微米，是一种不太喜欢氧气的细菌。它们在无氧条件下比有氧环境中生长得更好，科学家们称之为"厌氧菌"，在显微镜下可观察到，它们呈杆状或单独存在，或成双排列，周身有鞭毛，但无荚膜（图6-6）。因为该细菌能消化肉渣，使之变黑，而且产生腐败恶臭，所以称之为肉毒杆菌。按抗原性不同，可分为A、B、C、D、E、F、G 7种血清型，其中对人体致病的有A、B、E、F 4型。其中，以A、B型为常见，我国虽以A型最多见，但各地多有区别，如新疆以A型为主，青藏高原及东北以E型为多，宁夏、陕西和山东以B型、AB型或BE混合型为多见。

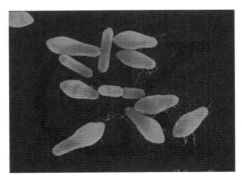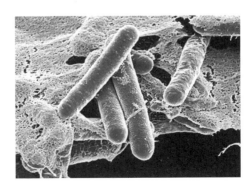

图6-6　肉毒杆菌模式图（左）和电镜照片（右）

肉毒毒素属于神经毒素，毒素与人体细胞表面受体结合，然后透过肠道黏膜被吸收，并经淋巴和血液到达脑神经和外周神经肌肉接头以及神经末梢，抑制神经细胞分泌神经传导物质乙酰胆碱，从而阻断神经冲动的产生与传导，致使肌肉松弛与麻痹。

肉毒杆菌很"顽强"，尤其它们的芽孢体，即它们在不利于自己生存的条件下，细胞脱水，细胞质高度浓缩，所形成的一种"休眠"状的球形小体，对外界的抵抗力极强。因此只有在干热180℃15分钟，或湿热100℃5小时，或高压120℃20分钟，才能将它们杀灭。若用5%苯酚或20%甲醛也须处理24小时以上。

肉毒杆菌所产生的肉毒毒素是一种高分子量的蛋白质，无色、无臭、无味，不易察觉，一旦进入人脑内，可以抑制神经细胞释放一种称为乙酰胆碱的神经递质，造成肌肉失去收缩能力，致人瘫痪。好在肉毒毒素不耐热，只须加热90℃3分钟就可使其失活，但冻干的毒素在低温条件下可以长期保存。

2. 毒素怎样侵袭，并引起发病

肉毒毒素致病并不是由肉毒杆菌直接引起的，而是由毒素所致。毒素进入人体最常见的途径是摄入肉毒杆菌污染的食品，如腌肉、腊肉、罐头食品，甚至是豆瓣酱、臭豆腐等。少数情况下，肉毒杆菌也可以经皮肤伤口造成感染，产生毒素，进入血液循环，最终到达脑内。不论是前一种情况或是后一种情况，因肉毒毒素是一种特异的嗜神经的毒素，所以所引发的症状相似，主要是产生运动神经末梢症状，极少有胃肠道反应。根据进入人体毒素多少，潜伏期长短不一，严重程度也可各不相同。虽然，肉毒杆菌主要由消化道吸入，但胃酸与消化酶并不能将其破坏，只有到达小肠和结肠后被缓慢吸收。因此一般都在食入毒素后12~72小时，但也可在数天后发病。患者开始出现一般前驱症状，如头晕、头痛、疲劳和乏力，然后逐渐表现运动神经末梢麻痹症状。通常从眼部肌肉麻痹开始，患者出现眼睑下垂，瞳孔扩张，视觉错乱，视物模糊，接着出现咽肌麻痹，咀嚼乏力，吞咽困难，口齿不利，语言含糊不清。若进展到膈肌麻痹，则发生呼吸困难，此时死亡率可高达30%~60%。婴儿偶尔因服食被肉毒毒素污染的食物，如蜂蜜等也可招致感染。肉毒杆菌在婴儿肠道内，尤其是盲肠内增殖，产生毒素，造成婴儿中毒。此时婴儿吮吸无力，吞咽困难，肌肉松弛，头颈软弱，严重者也可发生延髓麻痹，骤发呼吸衰竭、死亡，医生称之为婴儿猝死综合征。

医生根据病史、患者的特殊神经系统症状以及对可疑食物，特别是腊肠、火腿、罐头或瓶装食品，进行毒素检验以及动物毒素实验，或是对婴儿粪便进行肉毒杆菌分离培养，就能判断该疾病。

由于患者不是传染源，没有传染性，因此不需要隔离。治疗包括对因治疗及对症治疗。对因治疗可分为抗毒素治疗和抗生素治疗。抗毒素治疗多采用抗毒素的多价马血清以中和体内的毒素，应用越及时，治疗效果越好。因此在起病24小时内，或瘫痪发生之前注射最为有效。如果能及早确定病菌型别，则应用同型抗毒素效果最佳。抗生素对毒素不起作用，主要是为了杀灭肠道内的肉毒杆菌，防止它们的增殖、继续产生肠毒素。

对于肉毒毒素中毒对症治疗及护理也很重要，尤其要防止呼吸肌麻痹与窒息，如有发生应立即抢救。适量的输液、营养维持，使用较大剂量的复合维生素B都十分必要。

防病重于治病的原则对肉毒毒素中毒的发生与治疗极为重要，一是该病发生极为凶险，不及时治疗死亡率高，二是要加强饮食尤其是熟食及罐头食品的卫生监督与管理，对于可能遭到污染的食品，在食用前一定要加热煮沸，一方面可杀死肉毒杆菌，另一方面可以分解与破坏肉毒毒素，使之无害化。

正是由于肉毒杆菌容易培养与增殖，肉毒毒素不但毒性强，而且便于运输与投放，因此对于这样的生物武器我们必须提高警惕且具备必要的知识。

▶ 四、穷国的氢弹——炭疽杆菌

1. 炭疽杆菌怎样侵入动物与人体

罗伯特·郭霍（Robert Koch，1843—1910）不愧为一位伟大的细菌学家，他发现了多种病原菌，其中有伤寒杆菌、结核杆菌、霍乱弧菌、炭疽杆菌。此外，他还发明了细菌的固体培养技术、细菌染色法、用于诊断结核病的结核菌素，以及预防霍乱、炭疽病的免疫接种法。郭霍的贡献无疑是巨大的，他的发现与发明拯救了无数生灵。他于 1905 年获得诺贝尔生理学或医学奖。不无讽刺的是，他所发现的众多细菌中竟有两种常用于生物武器，即在战争中用来伤害对方的人、家畜，或是毁坏农作物（包括植被）的致病微生物及其所产生的毒素，它们就是霍乱弧菌与炭疽杆菌。

炭疽杆菌与我们人类"结缘"至少已有数千年之久，是人类历史上第一个被发现和鉴定的病原菌。据记载，古埃及历史上有五大瘟疫，其中之一即是炭疽。中医经典理论著作《黄帝内经》即有疑似炭疽的描述。炭疽一词来源于希腊"煤炭"，意为患者皮肤变黑、变干、结痂以及脱落，形似煤炭。通常情况下，炭疽多以芽孢形式存在于农牧业地区的土壤中，直径大约 1 微米，在适合的条件下，如在人工的培养基里，或是进入动物或人体的血液或组织中，芽孢开始出芽，成为粗大的杆状的细菌，此时体积增大至（1.0~1.2）微米×（3.0~5.0）微米，并且常排列成竹节状。相反，当周围环境对它们生长繁殖不利时，比如缺乏养分，它们又会形成芽孢。炭疽杆菌主要感染草食动物，人类经由 3 种途径受到炭疽杆菌的侵袭与感染，也就是产生 3 种类型的炭疽（病）。

（1）皮肤炭疽。这是最常见的炭疽，占所有感染的 98%，是炭疽杆菌进入人体皮肤表面而发生的，在那些暴露部位，如手臂、面部、颈部等，因易发生擦伤，炭疽杆菌趁机而入更为多见。初期在感染部位有瘙痒，很快产生丘疹或斑疹样改变，随后演变成小囊泡，继而化脓，1~3 周后坏死结痂，呈黑色，"炭疽"由此得名。除了局部症状外，患者还可能有局部区域淋巴结肿大并伴有高热、寒战，严重者可发生败血症，若不及时用抗生素治疗，死亡率高达 20%。

小辞典

败血症
细菌侵入血液循环并在其中生长、繁殖所致的全身性感染。

（2）肺炭疽。或称吸入性炭疽，顾名思义，这是由吸入炭疽杆菌芽孢引起的，一般吸入 800 个芽孢即可致病。此型炭疽多见于从事皮革工作的工人，开始时有类似于感冒的症状，接着发展为支气管肺炎及全身中毒症状，易并发急性出血性脑膜炎。若不予及时治疗，患者 3~5 天内发生休克、死亡。

（3）肠炭疽。此型炭疽比较罕见，多因进食未煮熟的病畜肉制品所致。患者可出现腹痛以及连续性呕吐和便血，甚至产生腹水，很快出现全身中毒症状。患者若不及时治疗，会在数天内死于毒血症。

小辞典

腹水

腹腔内游离液体的过量积聚，亦称腹腔积液。多见于肝硬化、充血性心力衰竭、肾病综合征等。

---

2. 炭疽杆菌为什么用作生物战剂

为什么炭疽杆菌可用作"生物战剂"？或许我们从它被称为"穷国的氢弹"中可以体会。

炭疽杆菌是极易培养的。只要在 37 ℃、pH 值为 7.2~7.4、有氧的环境中，可以在液体培养基或普通琼脂平板上培养，24 小时后在平板上长成直径为 2~4 毫米的集落（由接种的细菌增殖形成的细菌菌团）。只要培养规模大，如用细胞工厂或是生物反应器，则产量可以很大。据世界卫生组织（WHO）估计，对人口为 500 万人的城市，只要播撒 50 千克的炭疽杆菌，即可使 25 万人感染、10 万人死亡。而 100 千克的炭疽杆菌可导致 13 万 ~300 万人死亡，相当于一颗氢弹爆炸的威力。从目前细菌培养技术与设备看，生产千克水平炭疽杆菌是完全有可能的。

事实上，2001 年 9 月发生在美国通过寄邮件的方式发生的炭疽攻击事件，证实了炭疽杆菌的这种杀伤力。在这次事件中，有 11 例产生吸入性肺炭疽，其中 5 例死亡。邮件中的炭疽粉剂重量为 2 克，据估计，其中每克所含的炭疽杆菌芽孢为 $1 \times 10^{11} \sim 1 \times 10^{18}$ 个，足以造成大片人群的感染。

3. 炭疽如何诊断、怎样治疗与预防呢

炭疽诊断的一个重要线索是与炭疽杆菌的接触。我们在前面所提及的 3 种感染途径是需医生仔细问清楚的。现在的实验室诊断措施已较完善，可直接从人体、动物组织、血液、皮肤渗出液采取标本进行观察，同时进行细菌培养检查，通常只要在 37 ℃培养 12 小时即可看到菌落的形成，然后进行细菌形态鉴定及炭疽杆菌特性检查。

炭疽杆菌感染人体后，人体发病很快，医生高度怀疑时即应将患者及时隔离，向当地卫生部门报告，同时要给感染者使用抗生素。除了青霉素之外，多西环素、环丙沙星也都十分有效。对于受染的病畜，也应严格隔离。严禁食用死畜，并需将死畜焚毁深埋（2 米以下）。

对于高度怀疑投用炭疽杆菌的区域，严禁无关人员进入，只有经相关部门消毒检疫并证明"无害化"后，方可入内。从事炭疽杆菌研究的人员、医护人员，除采取一般个人防护措施之外，还需进行免疫接种。如发现有炭疽生物战剂，还应戴眼罩与呼吸器。

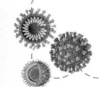

第七章
难以驱走的艾滋病

▼

自 1981 年人类首次遭遇艾滋病至今已 40 多年了，人们对艾滋病的恐慌虽然已不如当初那样"谈艾色变"，但人们对它仍诚惶诚恐，生怕躲之不及，惹之上身。其实，如今医学界对艾滋病已有较好的治疗方法，对艾滋病病毒也有了更好的认识，只要我们提高防范意识且洁身自爱，我们是可以远离艾滋病的。然而，仍有不少因素的存在让我们难以赶走艾滋病。

1983 年 4 月 23 日，英国著名医学杂志《柳叶刀》发表了一篇题为"她死于致命的流行病"的文章，引起了医学界的密切关注。

主人公是一位 42 岁的女外科医生，20 世纪 70 年代，她应聘到非洲刚果（金）（原扎伊尔）北部的一个小医院工作。3 年服务期满后，她游历了加纳、尼日利亚、塞内加尔和科特迪瓦等地，而后重返刚果（金），并在一家现代化医院中服务。

不幸的是，从此她开始腹泻，常感到不适和疲倦，不久发现多处淋巴结肿大。1977 年 7 月，疾病迅速发展，很快她就呼吸困难，生命重危，X 射线提示她的肺部有阴影，同时口腔也发生霉菌感染，化验检查显示血液中淋巴细胞数明显减少，她的抵抗力急剧下降，尽管医生尽了最大努力，仍然无法留住她的生命。

后来，科学家陆续发现类似的这种表现的病例，至 20 世纪 80 年代初已有多例，于是这种前所未遇的疾病引起了医学家们的警觉，他们意识到，人类又要面临一种新疾病的考验。1982 年美国疾病控制中心将那些免疫功能低下者，尤其是一种称为 CD4$^+$T 细胞数下降者所引起的机会性感染称为获得性免疫缺陷综合征，中文译名为艾滋病。这种疾病多见于同性恋者，而且他们之中容易暴发一种称为卡波西肉瘤的内皮细胞肿瘤。1983 年 5 月法国学者、诺贝尔奖获得者吕克·蒙塔尼（Luc Montagnier，1932—）（图 7-1）从一例艾滋病相关综合征患者肿大的淋巴结中分离出一株称为淋巴结病相关的病毒。1984 年 5 月美国癌症研究所学者罗伯特·盖洛从艾滋病患者组织中分离出人类 T 淋巴细胞亲淋巴病毒Ⅲ型。1985 年 5 月国际病毒分类委员会正式将艾滋病病毒命名为人类免疫缺陷病毒（HIV）（图 7-2）。

图 7-1　吕克·蒙塔尼

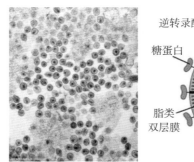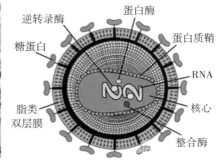

图 7-2　HIV 的电镜照片和结构模式图

但是迄今为止，人们仍不清楚 HIV 是怎样进入我们人类社会的，它的"自然宿主"是谁，有没有"中间宿主"？但不少学者认为 HIV 起源于非洲中西部的丛林，由于人类进入丛林，由灵长类宿主传染给人类。目前已知 HIV 可以分为 1 型与 2 型，HIV-1 最为普遍，20 世纪初主要分布于西非区域，由于捕猎者接触到猩猩（有的学者认为是一种绿猴，有的认为主要是黑猩猩）的血液和体液，于是病毒传播至人类。开始时可能只是局限于西非的某些地区，属于地区流行病。到了 20 世纪后期，经济发展，互相流通，尤其旅游业的兴起，造成了如今的全球大流行。

▶　二、艾滋病的表现及传播途径有哪些

艾滋病潜伏期一般较长，可由数月到 9 年不等，这与感染的病毒量有关。最常见的早期表现为长期不规则发热以及淋巴结肿大，多见于颈部、腋部、枕部等处，也可见全身淋巴结病，患者感到乏力、出汗、厌食、恶心、腹泻、消瘦。此外，由于抵抗力低下，易发生机会性感染，即原来不致病或致病力较弱的病原体"乘虚而入"，侵入人体形成的感染。在艾滋病患者中常见的有肺孢子菌肺炎、口腔念珠菌感染、结核分枝杆菌感染、隐球菌感染、单纯疱疹病毒感染、乙型肝炎病毒感染等。此外，到了晚期，患者还可能发生恶性肿瘤，如卡波西肉瘤、淋巴瘤，此时患者多呈恶液质状态（也称恶质），呈高度消瘦、皮包骨头、贫血、皮肤干燥没有弹性、极度疲乏、生活不能自理。大约四分之一的患者最终死于恶病质。

据联合国艾滋病规划署报道，自1981年首例诊断为艾滋病至今，全球有7100万~8700万人感染了艾滋病病毒，目前全球死于艾滋病的人有2960万~4080万，截至2018年共有3790万人携带艾滋病病毒。

艾滋病病毒为何能感染如此多的人呢？这与它的生存与传播方式是密切相关的。艾滋病的病原体是艾滋病病毒，它存在于感染者的体液里，特别是血液与分泌液里。艾滋病病毒从一个人传染给另一个人的关键是健康人与感染了艾滋病病毒的人有某些体液的接触。这些体液包括血液、精液、阴道分泌物、乳汁等，因此艾滋病的传播有4个途径。

（1）性传播。艾滋病的传播主要是通过性交完成，包括男传女、女传男、男传男（同性恋者）。性交过程中，阴道或直肠黏膜的破损处给了艾滋病病毒乘机入侵的机会。如果一位艾滋病病毒携带者有多个"性伴侣"，那么就会使更多的人受到感染。因此，性交成了艾滋病传播的一个主要途径。有数据表明，男同性恋者和静脉注射吸毒者、性工作者、变性者感染艾滋病的风险分别比普通人群高22倍、21倍和12倍。

（2）吸毒。由于血液是艾滋病病毒的媒介，因此，对于那些"饥不择食"而共用注射器进行静脉吸毒的人，注射器或针头就成为血液传播的重要途径。

（3）输血或血液制品。由于艾滋病病毒可存在于血液或血液制品中，因此，若对于供血者及血液制品缺乏严格检测与管理制度，则这些血液及血液制品也就成为了感染源。

（4）母婴传播。艾滋病病毒通过胎盘，或婴儿生产时通过产道由母体传给新生儿，因此新生儿也就成为新的感染者。

三、艾滋病怎样治疗与预防呢

非常不幸的是，目前还缺乏杀灭艾滋病病毒最有效的药物。目前针对患者体内的病毒及相关并发症，医生们采取的主要措施如下。

1. 抗病毒的治疗

主要是抑制患者体内病毒的繁殖，用医生的话来说是不让病毒复制，常用的抑制病毒核酸合成的抑制剂，包括核苷类反转录酶抑制剂、非核苷类反转录酶抑制剂、蛋白酶抑制剂、整合酶抑制剂、融合酶抑制剂，细胞膜表面蛋白与CCR5抑制剂等。此外，也可采用杀伤病毒的药物，常用的有拉米夫定、司他夫定和奈韦拉平。尤其可采用多种药物的联合应用，最常见的联合治疗方案是由何大一教授提倡的"鸡尾酒疗法"，即高效抗反转录病毒治疗。

2. 提高艾滋病患者的免疫功能

艾滋病患者免疫力低下，主要是病毒攻击免疫系统的结果，因此提高免疫力的关键因素是杀伤艾滋病病毒或阻止它们复制的治疗是关键措施。

其他的途径也有一定效果，但是间接的。医生或会建议使用下列药物：双脱氧胞苷（DDC）和双脱氧肌苷（DDI），它们可以改善机体的免疫功能，提高CD4细胞数。其他有效的药物还有 α 干扰素、转移因子以及卡介菌注射液、白细胞介素 -2 等。

3. 认识预防的重要性

鉴于当前艾滋病发病率高，又缺乏特异的有效药物，所以预防显得尤其重要，"预防为主""防病重于治病"的原则在处理艾滋病时显得更为重要。根据医生的建议，归纳如下几点：

（1）避免或减少不合卫生学要求的接触，像长时间接吻（万一口腔黏膜破裂，病毒进入），及须谨慎地处理患者的唾液、大便、精液等分泌物。

（2）使用阴茎套，减少与精液的接触。据世界卫生组织（WHO）调查，如果安全套使用率提高到 90% 左右，性传播疾病的发病率会下降 75% 以上。

（3）严格实行一夫一妻制，减少可

能的感染人数。

（4）严禁娼妓。

（5）避免会引起出血的性活动。肛门、直肠，甚至痔疮都可能由于粗暴的性行为导致出血，这样容易导致艾滋病病毒的感染，甚至手臂上、口腔中的破口或擦伤处均可成为感染的入口。

（6）避免不合理的使用类固醇、可的松等药物，因为它能导致某些感染的扩散。

（7）严禁贩卖、吸食毒品。

（8）严禁抗－HIV阳性者献血。采血要绝对无菌操作与规范化。

（9）严格管理进口的一切血液制品。

（10）严格执行使用一次性针头、注射器及与血液接触的相关耗材。

（11）不共用牙刷、剃须刀及其他可被血液污染的物品，不提倡旅馆提供牙刷、剃须刀。

（12）家庭可配制次氯酸钠消毒液（1∶10～1∶100）或漂白粉稀释液（1∶10），对可能污染或可疑物件进行灭毒。

（13）要关爱、帮助艾滋病患者，切不可歧视，不可污名化。

（14）已查出感染艾滋病病毒者应当即向专业治疗机构求助，不可自我否认与自我安慰。

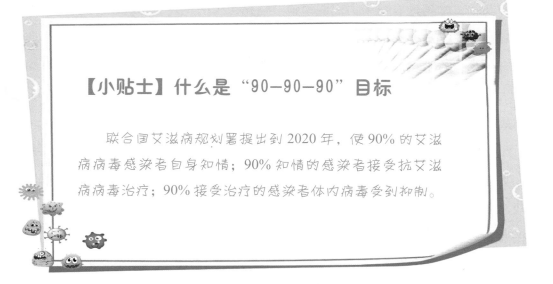

【小贴士】什么是"90-90-90"目标

联合国艾滋病规划署提出到2020年，使90%的艾滋病病毒感染者自身知情；90%知情的感染者接受抗艾滋病病毒治疗；90%接受治疗的感染者体内病毒受到抑制。

第八章
结核妖雾再次来袭

▼

　　2013 年世界卫生组织（WHO）总干事陈冯富珍呼吁"我们迫切需要加大力度应对耐多药结核病"。据世界卫生组织《2017 年全球结核病报告》，2017 年全球约有 1 000 万人感染结核病，其中 160 万人死亡。我国大约有 5.5 亿人受到感染，每年因结核病而死亡的人数为 13 万。更令人担忧的是还出现了耐药菌株，即能抵抗多种原先有效药物的结核菌。雪上加霜的是，迄今能有效预防结核病的卡介苗也因长期应用，而保护作用逐渐减弱。因此，结核病目前仍然是全球十大死因之一，也是全球每年致死人数最多的传染病。看来，人类与结核病的斗争也是无穷期的。

结核病的罪魁祸首是结核杆菌。在正常情况下，结核杆菌呈现为一种细长稍有弯曲、两端圆形短棒状，常有分枝，所以细菌学家将它们划归分枝杆菌属，大小（1~4）微米 ×0.4 微米，常聚集成团。结核分枝杆菌的细菌细胞壁脂质含量较高，宛如披着一副铠甲。它们具有极顽强的性格，它们不怕冷，不畏干燥，甚至对酸、碱也有一定的抵抗力，至少处于 6% 硫酸、3% 氯化钠或 4% 氢氧化钠下 30 分钟都会"安然无恙"。医生又称它们为"抗酸杆菌"（图 8-1）。

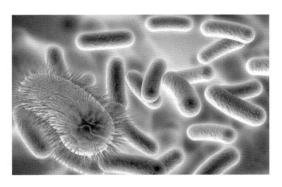

图 8-1　结核杆菌

在人类历史长河里的某一时刻，这些本来生活在土壤中的"牧民"偶然侵入我们人类的肺。这里既温暖又湿润，还有足够的氧可供呼吸，是十分适合它们繁衍生息的"温柔之乡"，于是这些"移民"便开始在我们人类机体中定居下来。迄今它们已延绵数千年（或许已有数万年）。另外，即使在某个个体中，它们也可隐藏很久，少则数月、数年，多则十余年、数十年，甚至与宿主（带菌者）"终生相伴"。

然而，不要以为结核分枝杆菌会与你"相安无事"，只是耗掉你一点营养物质和氧气，因为一旦人体抵抗力下降，它们便会迅速生长，在肺内，或别的器官里建立起一个足够大的"根据地"，这就是"结核"。此词最早是由 17 世纪一名解剖学家提出的，意思是肿胀与结节。

一旦结核杆菌在人体中站稳了脚，机体与结核分枝杆菌的较量便开始了。正如战争一样，谁胜谁负取决于双方的力量。首先，让我们对"敌方"——结核分枝杆菌作一分析。正如敌人一样，它们必须要有一定的数量，虽然在机体抵抗力低下的情况下，1~2个结核杆菌进入肺泡即可发病，但多数情况下人们都是在吸入多个带菌微滴后造成感染的。通常情况下，患者咳嗽喷出的每一个微滴中含有10~20个病菌。医生根据临床观察与经验推断，只有一次吸入100个结核分枝杆菌以上时方可形成感染，造成疾病。

除了结核分枝杆菌数量之外，发病与否还与它们的致病能力强弱有关，也就是说结核分枝杆菌之间的毒力是不完全一样的。根据它们致病能力的不同，将毒力分为强、中、弱三个等级。有趣的是，结核分枝杆菌的这种毒力不同还有地区的差别，例如，对北京地区结核分枝杆菌进行毒力测定表明，大约92%都是中至强毒力株，只有8%是弱毒力株。对黑龙江、新疆、四川、海南等地区的结核分枝杆菌毒力进行测定表明弱毒力株均在10%以下，说明我国结核分枝杆菌的毒力大多属于强、中型。临床证明，强毒力的结核分枝杆菌侵入人体比低毒力者更易引起血行性的播散，可形成多处与多个潜在性结核病灶。

在分析了"敌方"之后，再来分析一下我们机体的防御力量。这种力量可分为物理性的、化学性的以及生物性的防御力量。事实上，受到结核分枝杆菌感染之后，90%以上的人是不会发病的。

首先，让我们了解一下什么是物理性的防御作用。最简单的防御方式就是我们人体皮肤、黏膜完整无损，这样就不会让结核分枝杆菌进入人体内，这就是物理性的防御作用。化学性的防御作用更容易理解了，例如，我们胃内的低pH值是不容易让结核分枝杆菌生存的。至于机体的生物性防御机制更是多种多样，而且发挥着最强大的作用。生物性防御有以下几个方面：

1. 咳嗽反射

当一个人的呼吸道内有病理性的分泌物（最常见的是痰液），或不慎落入异物（如米粒进入气管），机体便会通过咳嗽将其排出。同样的道理，如带有结核分枝杆菌的微滴进入我们的气管或支气管，就会刺激黏膜分泌，于是一方面形成痰液，一方面借助气管上皮的纤毛运动将其朝口腔方向运动，最终借咳嗽反射将分泌物连同结核分枝杆菌经口腔排出，使结核分枝杆菌不能落脚，感染不能得逞。从这点上看，咳嗽并不都是坏事，它可以借助痰液排出有害物质。

2. 先天性免疫

当结核分枝杆菌侵入我们人体组织时，血液中的粒细胞，即人们常称的白细胞、巨噬细胞会向结核分枝杆菌入侵部位移动与集中，并与局部的（如肺）巨噬细胞（即肺泡巨噬细胞）一起筑起一道防线，阻止结核分枝杆菌深入组织，尤其是巨噬细胞可以吞噬结核分枝杆菌，形成一种吞噬小体，然后巨噬细胞分泌多种水解酶与杀菌物质将结核分枝杆菌杀灭（图8-2）。但不幸的是，有时结核分枝杆菌数量太多，或是毒力太强，而巨噬细胞数量太少，或是吞噬能力不够强，结核分枝杆菌反而可在巨噬细胞内生存下来，甚至繁殖，直至破坏巨噬细胞，并且"破门而出"。这些结核分枝杆菌无疑更加凶险可恶，它们还会去攻击更多的人体细胞。这种情况多发生于某些先天对结核分枝杆菌易感的人群、老年人或幼儿、孕妇、严重营养不良与因过度疲劳而抵抗力下降的人，还有艾滋病、硅肺、糖尿病患者以及长期使用类固醇激素和免疫抑制剂的人。

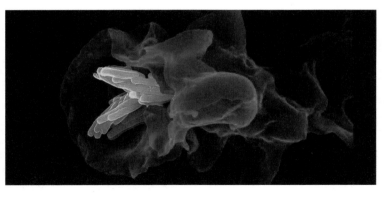

图 8-2 巨噬细胞（红色）吞噬结核分枝杆菌（绿色）

3. 获得性免疫

这是指人体在感染过结核分枝杆菌，或是接种过卡介苗（BCG）后获得了对结核分枝杆菌感染的抵抗力。此时除了上述的抵抗过程外，还有更多的免疫细胞参与战斗，如多种T淋巴细胞、B淋巴细胞以及多种化学成分的"助阵"，如白细胞介素（IL）、巨噬细胞活化因子（MAF）、巨噬细胞移动抑制因子（MIF）、趋化因子（CF）、皮肤反应因子（SRF）等，但是这种获得性免疫力对机体的保护作用不是特异性的、绝对的，亦非终生性的。

总之，一旦人体感染结核分枝杆菌后，是否发病是视"敌我双方"力量对比与消长情况而定。感染只是病原体侵入机体后在机体内的一种"寄生"过程。在此过程中病原体可能生长与繁殖，也可能蛰伏而不繁殖，但又不死亡，它可以引起明显的病理反应，也可以不产生明显的病理反应。结核分枝杆菌进入我们人体后，在大多数情况下，由于我们人体保持着一定的免疫力，感染都能被局限化。然而由于机体的防御能力又不足以将结核分枝杆菌彻底清除出去，结核分枝杆菌便可在我们人体内长期潜伏下来，这就是所谓的"潜伏性感染"，或称结核分枝杆菌的"休眠期"，这也就可以理解为什么受到结核分枝杆菌感染后 90% 的人不会发病。相反地，若人体免疫力下降，结核分枝杆菌毒力强，那么它们便会在体内繁殖，形成病灶，产生症状。一旦有了临床表现，并且又经细菌学检查证实有结核分枝杆菌的存在，此时便可以"发病"了。

▶ 二、结核病为何"死灰复燃"

2017 年我国新发结核病患者有 90 万，死亡 4 万。我国结核病的发病率仅次于印度，居世界第二位，发病率为 459/100 000，即每 1 000 人中就约有 5 人患结核病。2017 年在湖南桃江县第四中学一度暴发结核病聚集性疫情，短期内确诊 18 例，疑似病例 7 例，附近的职业中专学校报告确诊病例 9 例，疑似病例 3 例。这些都说明结核病这一人类的宿敌如"还乡团"那样随时可以向我们扑来，它仍然是我们人类的宿敌，也是我们的"新仇"。在西方，人们常将结核病比喻为"背篓里的眼镜蛇"，当一个人保持着强大的免疫力时，眼镜蛇是被背篓的盖子盖住的。但在机体抵抗力下降时，眼镜蛇冲开盖子，首先被咬的便是"眼镜蛇（结核分枝杆菌）的携带者"本人，接着此"蛇"还会再去咬其他人。

当前我们人类仍然面临着越来越多的人被"咬"的危险性。

那么结核病"妖雾"缘何又重来呢?据专家与医生分析,原因是多方面的,大致说来有如下几方面的因素:

1. 商业往来与旅游业的兴起以及移民与难民的激增

该因素促进人群流动,其速度之快远非 20 世纪所能比拟。假如有结核病患者从一地乘机飞往另一地,几万里的路程 1 天内便可到达,结核分枝杆菌便可随患者的咳嗽源源不断地排出,不但可感染同机的乘客,还可能撒播于整个航线。

2. 世界人口空前拥挤与居住条件不良

该因素是显而易见的,特别是在第三世界。那里居住环境差,人们拥挤在一起,空气污浊不流通,加之营养不良,抵抗力差,无形中为结核分枝杆菌传播、作祟创造了有利的条件。世界卫生组织(WHO)称 95% 的结核病发生于第三世界国家。同样的道理,我们农民工群体、学生以及中西部农村结核病发病率相对也是比较高的。

3. 滥用抗生素

早在 20 世纪中叶,医生已认识到结核分枝杆菌会发生遗传性状的改变,并称之为"突变",其结果可形成抵抗链霉素(一种有效抗结核分枝杆菌的抗生素)和对氨基水杨酸的抗性菌株。为此医生常将 2 种或 3 种抗结核药物合并使用,一方面可以提高疗效,一方面可以防止耐药性的产生。不幸的是,部分患者往往不能坚持长期服药,而有些医生未能合理运用抗生素,于是导致耐药菌株的产生与发展。例如一种称为广泛耐药结核病的患者对异烟肼、利福平、氟喹诺酮类药物以及氨基糖苷类药物都已产生耐药了。

4. 艾滋病助纣为虐

自艾滋病流行以来,结核病便"趁火打劫",变本加厉地肆虐起来。其原因在于艾滋病病毒,或称人类免疫缺陷病毒(HIV)专门攻击我们人体的防御战士——T 淋巴细胞,从而削弱机体的抵抗力,这样便为早已隐藏在我们人体中的结核分枝杆菌东山再起扫清了道路,于是艾滋病与结核病狼狈为奸,互为帮凶地在人体内兴风作浪。

5. 糖尿病患者与日增多

糖尿病发病率在全球普遍升高,

2017年流行病学调查表明，我国成人糖尿病发病率为10.9%。据估计，全球糖尿患者人数已达4.25亿，中国约有1.1亿。糖尿病一方面会损伤多个器官，尤其可使呼吸道黏膜完整性受到损伤以及使机体免疫力下降，为结核分枝杆菌入侵铺平道路，另一方面血糖升高有利于结核分枝杆菌的生长，血糖控制不良者结核病发病率比控制良好者的发病率高3倍，是无糖尿病者的4倍以上。

6. 公共卫生防御措施被忽视

人们曾一度盲目乐观地误认为"人类将永远摆脱过去大多数瘟疫流行的困扰"，因而一段时间以来在某些地区的流行病预防工作有所削弱，甚至忽视卡介苗的预防接种工作，导致结核病"还乡"。

为了防止结核病的反扑，早在1995年世界卫生组织就推出了"世界卫生组织结核病控制战略"，其主要策略是控制传染源以及加强监督治疗与合理用药。国际防痨和肺痨联合会与世界卫生组织提出将3月24日定为"世界结核病日"，因为正是在这一天德国细菌学家罗伯特·郭霍宣布发现了结核分枝杆菌。我国在抗结核事业中也做出了不懈的努力，不仅对结核患者开展免费治疗，而且提出"开展终结结核行动，共建共享健康中国"的主题口号。我们相信，只要全世界人民都动员起来，投入到抗结核的斗争中去，并且坚持不懈，人类必定能够像消灭天花那样，消灭结核病这一人类的宿敌。

▶ 三、肺结核——结核病的大本营

虽然结核病可以在人体的多个器官或组织中形成，如淋巴结、骨与关节、胸膜、腹膜、脑及脑膜、肠、肝、泌尿及生殖道、喉甚至皮肤等，但是由于肺的特殊解剖位置以及特有的组织学结构，肺结核约占人体结核病总和的80%。此外，许多其他器官结核病的形成也是因结核分枝杆菌由肺出发，到达其他器官，形成感染而发病的，因此人们常称肺结核是人体结核病的"大本营"。

肺结核大多经呼吸道感染，结核患者的咳嗽、打喷嚏，甚至高声说笑所喷出的飞沫中都可能含有结核分枝杆菌，因此在其附近的接触者都可能直接吸入带菌的飞沫而感染。若小于10微米的痰液可进入肺泡腔。除了即刻被他人吸入外，由于飞沫重量轻，可较长时间漂浮于空气中，若室内通风不良，这些飞沫也可能被他人吸入。至于地面上的痰液干燥后随尘埃飘起而被人吸入也是可能的感染途径，所以我们不要随地吐痰。

除了呼吸道感染途径之外，结核分枝杆菌也可以通过其他途径直接或间接进入肺，如消化道传播，经皮肤、黏膜传播，以及经淋巴、血行而传播至肺。

结核分枝杆菌在人的肺中定居下来后，机体的临床表现往往多种多样，轻症患者可以毫无症状和体征。此外，不同类型的肺结核也有不同的临床特点。但总的说来，除了受累器官特有反应而产生的症状、体征外，也有结核病常见的共同症状及体征，因此肺结核有如下常见表现。

1. 发热

人体的正常体温是 37 ℃左右，这是恒定不变的，所以称为"恒温"，但事实上每个个体以及同一个体在不同时间，以及同一个体的不同部位，尤其是体内与体表，都会有或多或少的差别，然而这些差别（波动）有一个范围。但结核患者会发生非恒温、不属于正常波动的体温异常。常见的有：

（1）低热（37.5~38.0 ℃）：该情况在结核病中最多见，而且多见于早期轻度肺结核，表明机体刚遭受到结核分枝杆菌的侵袭，组织尚未明显被破坏，同时机体具有较强烈的反应性。

（2）中等度热（38.1~39.0 ℃）：这类发热多见于肺结核的浸润型，结核患者常在午后发热，傍晚或夜间退热，早晨及上午可以退至正常体温，因此人们常称此为"午后潮热"，中医则多称之为"阴虚潮热"，是中气不足、肺气虚弱之故。

（3）高热（39 ℃以上）：多见于急性重症结核病，如血行播散型肺结核，或肺结核伴有其他严重继发感染等。

2. 咳嗽与咳痰

许多疾病都可引起咳嗽或咳痰。结核分枝杆菌侵入肺支气管，气管黏膜可引起炎症反应，可以诱发咳嗽与咳痰。此外，如淋巴结肿大压迫气道，炎症刺激胸膜也可引起咳嗽。肺结核早期多为刺激性单声干咳，咳痰不多，常为白色黏液痰，之后由于渗出多以及病变发展成干酪样坏死，痰量会增加。

3. 咯血

是指喉以下的气管、支气管或肺组织出血，并经口腔排出的一种症状。肺结核患者约有一半人在病程过程中有程度不等的咯血，血量多少不一。痰中带血多由病灶毛细血管通透性增高所致，若较小的血管破裂可引起中、小量咯血，若肺动脉分支或空洞内血管瘤破裂则会引起大量咯血。大量咯血的患者常表现出烦燥、坐卧不安、神情紧张，甚至呼吸困难、发绀，此时应积极治疗和抢救。

4. 胸痛

肺结核患者的胸痛多由咳嗽或胸膜疾病引起，此外，肺结核并发自发性气胸、胸膜炎、胸壁结核、纵隔炎也可产生胸痛。

5. 盗汗

即夜间入睡后不自觉地出汗，醒后即可自止或明显减少的现象。按照现代医学的解释是自主神经功能紊乱所致，是结核中毒症状的表现之一。中医则认为是"阴虚内热"，迫汗外泄所致。

6. 消瘦

消瘦就是体重减轻。一个健康的成年人体重总能保持稳定，原因在于消耗与补充能取得平衡，从而体重不会有多少起伏。结核患者消瘦原因可以是多方面的，主要在于食欲减退、胃口差。另外，长期发热也会导致耗散能量过多。因此不少结核患者瘦骨嶙峋。

7. 乏力

乏力多由营养不良引起，部分情况是结核中毒所致。

上述症状固然可对症治疗，但针对结核分枝杆菌的治疗是治本之举，中医调理也不失为良好的措施。

结核杆菌几乎可以侵犯人体所有的器官，较常见的有肾结核、膀胱结核、骨与关节结核、肠结核、喉结核、淋巴结结核、皮肤结核、腹膜结核以及结核性脑膜炎等。医生将肺之外的结核病通称为肺外结核。肺外结核可以与肺结核同时存在，也可仅有肺外结核的临床表现，肺外结核的治疗原则与肺结核相似。

医生发现肺外结核病灶的活菌数远低于肺内病灶，此外肺外器官多具有丰富的血液循环，药物易于进入组织与病灶内，因此肺外结核的治疗比肺结核的治疗相对地更易取得成功。

▶ 四、治疗要彻底，预防很重要

对于结核病的诊断，医生都采用综合措施，包括病史采集、患者的症状及体征。X射线检查则可发现肺内病变的部位、范围、有无空洞及空洞大小、洞壁厚度等。细菌学检查不但可以确定肺结核的诊断，还可用于指导治疗，细菌检查方法有：涂片镜检、常用齐－内集菌法，然后用抗酸菌染色在显微镜下观察，也可用荧光显微镜观察，找到结核分枝杆菌即可确诊。此外，结核菌素试验（PPD）也是诊断结核感染的参考指标，于皮试后48~72小时观察到注射局部有大于20毫米的硬结或水疱即为强阳性。

（一）治疗

除了特殊类型的病例之外，肺结核一般都用化学药物治疗。常用的药物有异烟肼、利福平、吡嗪酰胺、链霉素、乙胺丁醇、对氨基水杨酸钠、氨硫脲、卡那霉素、卷曲霉素、乙硫异烟胺、紫霉素、右旋环丝氨酸等。但由于近年来不断有耐药菌株的出现，人们也研制出一些新的抗结核分枝杆菌药物，如德拉马尼、莫西沙星、特立齐酮等。

虽然迄今抗结核分枝杆菌的药物总类不少，但由于这些药物的长期使用以及不合理的使用、管理不善，不但化疗失败者不少，而且客观上造成耐药菌株的不断出现。为此，我们国家倡导如下五项原则：

1. 早期治疗

早期治疗不但效果好，而且不致使细菌产生耐药性。为此应当"查出必治、治则彻底"。尤其要治疗首次发现的初治病例，将初治痰涂片阳性者列为重点对象，做到一个不落。

2. 联合用药

不少药物在单独使用时易产生耐药性，而联合用药不但可减少耐药性的产生，而且可以增强疗效，降低药物的毒副作用。

3. 剂量适当

不言而喻，用量过大易发生毒副作用，用量不足不但疗效差，还可能导致结核分枝杆菌产生耐药性。因此用药必须考虑疾病的类型、部位、初治还是复治、以往用药史，甚至患者的性别、体重等因素。

4. 规律用药

有规律地严格按合理方案用药是治疗成败的关键之一。治疗效果不佳，甚至失败常常是不遵循既定的最适方案的结果。

5. 全程用药

不少结核病患者的复发甚至"不治而殁"，皆是不遵照合理疗程与不按制定的时间表用药的结果。不少患者往往看到症状稍有好转，或是"消失"或者认为"痰菌已转阴了"，便不肯再用药了。其实症状消失不等于体内结核分枝杆菌已被彻底消灭了，它们可能只是被"抑制"，而未"毙命"，它们只是不再旺盛地增殖，而是蛰伏下来，等到机体抵抗力下降，同时又不再用药时，便伺机东山再起。人们曾一度认为"钙化灶"是"安全灶"，其实钙化灶内也可能潜伏着活的结核分枝杆菌。

为了合理地使用抗结核药，医生们在治疗患者时会针对具体病例制订出个体化治疗的"化疗方案"。其主要内容是：选用多种药物；选用副作用小、安全系数大的药物；考虑当地发生原发性耐药和继发性耐药的情况，慎重选用敏感药物。另外，该方案还须执行简便，患者不会嫌其麻烦而中途废弃不用。

具体的化疗方案很多，但总体说来可以分为"长程化疗"与"短程化疗"两种。总疗程 6~12 个月。一般认为 9 个月内为短程化疗，9 个月以上为长程化疗。医生通常都采用 6 个月的短程化疗，其中前 2 个月为"强化期"，后 4 个月为"巩固期"。强化期常用异烟肼、利福平、吡嗪酰胺，在原发耐药性高的地区，还要加用链霉素或加乙胺丁醇。在巩固期常用利福平与异烟肼。诚然，针对具体患者、特殊地区，用药也有它的灵活性。

（二）预防

结核病的治疗目的除了治愈个体之外，还有一个就是消除传染源。事实上应对结核病的再次反扑最关键的是全球性预防。为此，每个国家都须制订本国的结核病控制规划，即要对结核病进行监测、掌握疫情、培训防治人员、普及结核病防治知识。另外，在符合整体防治规划的前提下，每个公民也须注意个人的预防，以下几个方面是十分重要的。

1. 积极参与卡介苗的接种

卡介苗是无毒牛分枝杆菌悬液制成的减毒活菌苗。据统计其保护力在 5~10 年内可达 60%~80%，接种后前 5 年的保护力最强。

2. 化学预防

主要用于已感染上结核分枝杆菌，并且有很大可能患结核病的个人或某一群体。通常的做法是口服异烟肼 6 个月或 1 年。

3. 避免与结核患者接触

要尽量避免与结核患者尤其是"排菌者"（开放性肺结核患者）的接触，这对于婴幼儿更为重要。若家庭中有慢性排菌者，其应主动避免与他人密切接触。患者用过的餐具及其他用具要消毒，患者的痰液要彻底灭菌。

4. 警惕双重感染

有糖尿病、硅肺者，或是感染了艾滋病病毒者在与结核患者的交往中要时时警惕，以免双重感染或并发结核病。

5. 戒除不良生活习惯，加强身体锻炼，提高机体抵抗力

嗜烟、酗酒、暴饮暴食、长期熬夜或生活不规律、过度疲劳等都是健康的大大小小的杀手，也是包括结核病在内的诸多疾病的诱因，务必戒除。积极开展适合自己的体育锻炼有助于身体健康。机体抵抗力增强，可以大大减少感染性疾病的发生。

第九章
狗疯了，人也疯了

▼

　　早在原始社会，人类与犬即有来往，犬类已开始被驯养。发现最早的家狗化石是在七千年前，因此可以认定史前狗已成为人类的忠实朋友，而且"友谊"历久弥坚。从医学的角度看，许多实验也是离不开狗的，如伊凡·彼得罗维奇·帕夫洛夫（Lvan Petrovich Pavlov，1849—1936）做的条件反射实验，如果没有犬是不能完成的，他获得了 1904 年诺贝尔生理学或医学奖，可见犬对医学的贡献不可小觑。然而，尽管如此，犬对人类也有不利的一面，如"恶犬伤人"，尤其碰到"疯狗"，被咬的人便有可能患上骇人听闻的狂犬病。

虽然狂犬病是因被狗咬而产生，但元凶并不是狗，真正的病原体是狂犬病毒。该病毒通常情况下只是在野生动物及家畜间传播，只是狗受到感染后"发疯"，咬了人，人才会受到感染而发病。

狂犬病毒的外形呈棒状，头部像子弹，因此被归于弹状病毒科。狂犬病毒大小为（75~80）纳米×180纳米，属于单链RNA病毒。一如其他病毒结构，其外绕有蛋白质衣壳（图9-1）。狂犬病毒可以感染众多的野生动物，包括犬、猫、牛、马、猪、羊、浣熊、狼、豺、獾、黄鼠狼、狐狸、貂、臭鼬、兔、野鼠、家鼠，甚至鸟和蝙蝠等，但在这些动物中由犬引发的病例占98%左右。当前世界上有犬1 400余种，至于哪种犬易患疯狗病至今未有资料。流行病学调查显示，中国犬携带病毒的平均概率为2%~3%。当然，不同季节、不同地方的概率会有差别。此外，喜欢与野生动物"交往"的犬患狂犬病的概率会更大些。

该病毒主要侵犯人体的中枢神经系统，即脑和脊髓，此外它也喜欢在唾液腺中繁殖。但除了在人体的神经细胞内生长外，科学家为了研究狂犬病毒还利用一种称为"细

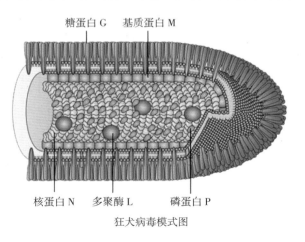

糖蛋白G　基质蛋白M

核蛋白N　多聚酶L　磷蛋白P

狂犬病毒模式图

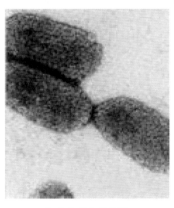

狂犬病毒电镜照片

图9-1　狂犬病毒形态

胞培养"的技术，让它们在实验室里生长，即让病毒感染实验室培养正常的人二倍体成纤维细胞、地鼠的肾细胞等。此外，还可以让病毒在鸡胚或鸭胚中生长。但是，这种厉害的病毒并不是没有"软肋"的。它们对日光、紫外线很敏感，比如只要在 50 ℃下作用 1 小时便可以被灭活。此外，常用的消毒剂，如 70% 酒精、碘、甲醛，甚至肥皂水、去垢剂都可以把它们杀死。但其在 −70 ℃或冻干后置于 0 ~ 4 ℃可存活好几年。

▶ 二、狗也疯，人也疯

感染狂犬病毒而发病的狗，俗称为"疯狗"，有的地方也叫"癫狗"，"疯狗咬人"更是人们的口头禅，意思是胡乱诬陷害人。狗感染病毒后，因为病毒主要攻击中枢神经系统，所以一般表现有两耳竖起、双目直视、眼红、流涎。然后发生相当于人类的神经错乱，开始狂吠乱叫，狂奔乱跑。此时，咬人事件也常发生，尤其是三月中到四月初，"油菜黄、疯狗狂"。此时，狗到了繁殖期，活动频繁，狗与狗、狗与野生动物相遇机会增多，互相感染的机会也增加。因此这段时间狂犬病的发病率也随之升高。然而，也有的病犬表现为缄默、安静、离群索居，怕受惊扰，稍有响动，便惊

恐不止，最后全身麻痹而死亡。此类疯狗便是俗称的"癫狗"。因为在中医学看来，"疯"或"狂"属于实症，患者或病畜表现为"狂躁""发疯"，而"癫"属于虚症，表现为忧郁、蜷缩、沉默、痴呆。但是"癫"和"疯"（"狂"）是可以转化的，癫病经久可以出现狂症，狂病既久，也可出现癫症。

人的狂犬病，绝大部分是由被疯狗或其他病畜咬伤所致，也有少数是因皮肤黏膜损伤并恰巧被含病毒的物质污染所致，还有少数病例是因吸入含病毒的空气而感染。感染后发病的潜伏期长短不一，与病毒进入体内的数量在体内繁殖速度与毒力强弱等因素有关。狂犬病

潜伏期通常为1~3个月，但也有的长达5年才发病，最快的1周后便出现典型症状。

病毒进入人体后，即沿神经末梢进入脊髓与脑，并在神经细胞内繁殖，然后又可蔓延至唾液腺、泪腺、肌肉、角膜、心肌、肝脏、肺、肾上腺等处（图9-2）。因此，患者症状多且复杂，但以神经系统和腺体的症状为特征性表现。一般患者初起有头痛、乏力、发热、咬伤处刺痛、流泪、流涎，继而出现神经兴奋状态以及恐惧感。由于患者怕受刺激，哪怕一点儿水声甚至谈到饮水就会惊恐万状，引起喉肌痉挛，发出怪异的声音，全身抽搐。因此，狂犬病也常常俗称为"恐水症"。其实，患者何止"恐水"，连风声或其他声音、强光都会令其"害怕"。然而，也有部分患者的症状恰好相反，他们不呈现兴奋状态，而表现为安静、淡漠、没有表情，然后出现肌肉瘫痪、共济失调，最后因呼吸肌麻痹与延髓性麻痹，不能顺畅呼吸、吞咽、饮水，往往于数小时内死亡。

图9-2　狂犬病毒侵入人体过程

小辞典

共济失调

是指患者肌肉运动的协调障碍，患者往往不能维持躯体姿势与发生行动进而失去平衡，多由小脑、大脑、前庭迷路等处病变引起。

▶ 三、狂犬病怎么治疗，对狗应该怎样防范

现在养狗的人越来越多，被狗咬伤的事件也屡见不鲜，对于陌生的狗还是要保持一定的警惕性为好。首先切勿过分亲昵去抚摸它。对于那些没有人管理的狗更是千万不要去碰。对流浪狗的收养其爱心固然可嘉，但须仔细观察，确保它们没有攻击性，无狂犬病表现，方可收留处理。

一旦被狗咬伤，无论它是不是疯狗，都应立即到附近医院进行处理。一般的处理过程如下：

（1）立即用肥皂水（最好是 20% 的肥皂水）清洗 30 分钟左右，然后用 70% 的乙醇或碘酒消毒。

（2）尽早注射狂犬病疫苗，以期尽早产生免疫抗体，对抗可能已入侵的病毒，同时还可以注射狂犬病疫苗免疫球蛋白。

（3）若怀疑伤口不洁，有可能有其他细菌感染，可预防性地应用广谱抗生素。

（4）中医参与有利于疾病恢复，常用的治疗方案是祛风解毒，多以人参败毒散为主方，随证加减。

（5）注意休息、保持平静。

（6）家属应密切注意被咬者的情绪及行为举止。

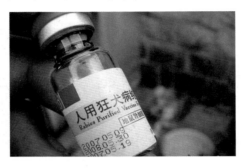

图 9-3　狂犬病疫苗照片

▶ 四、病原体何止疯狗

其实，除了疯犬，猫、狼，甚至吸血蝙蝠也是常见的传染源，被这些动物咬伤，也应及时清创、扩创以及及时注射狂犬病疫苗。不管是不是"家畜"，都有可能是传染源，有的动物感染病毒后是无症状的，在人群中被称为隐性感染者。

▶ 五、怎样成为无狂犬病的国家

2019 年 11 月 4 日世界卫生组织（WHO）确认墨西哥在全球率先消灭人感染狂犬病。为达此目的墨西哥采取了多项措施：①长期对犬类进行大规模免费疫苗接种；②加强全社会对狂犬病的认识；③提高人感染狂犬病的及时诊断及治疗。

按照世界卫生组织的标准，一个国家在连续两年报告无人感染狂犬病之后，即可宣告为消灭该疾病的国家。据相关文件显示，墨西哥于 1990 年报告 60 例人感染狂犬病，1999 年报告 3 例人感染狂犬病，2005 年最后报告有 2 例人感染狂犬病，但自 2006 年以来为零报告。

对于"疯狗"（患狂犬病的狗），也应像对待患禽流感的鸡那样，予以扑杀，此时需要点儿"痛打落水狗"的精神。其实我国早在公元前 556 年在《左传·襄公十七年》中便记有"国人逐瘈狗"的记述，瘈狗即指"疯狗"。说明那时古人们便认识到"疯狗"不打是不行的，因为它们会把疾病传染给人。

第十章
长期纠缠人类的病毒性肝炎

▼

　　古希腊希波克拉底（公元前460—前370）就对肝炎有过描述，当时称为"流行性黄疸"。第二次世界大战期间，由于输血和黄热病疫苗注射等，肝炎在军队中大暴发，从而引起人们极大关注。没有人知道它是什么，从哪里来，病因是什么，但患病的结果非常明显：它可以攻击肝细胞引发疾病。这些悲惨的瘟疫灾难，是我们无法忽视和逃避的伤痛记忆。

1947 年，从事黄热病研究的专家——英国医生麦凯阿伦通过对患病士兵的病例分析得出结论：至少存在两类肝炎，一类经由粪便传播，称为 A 型肝炎（甲肝）；另一类通过血液传播，称为 B 型肝炎（乙肝）。这一论断奠定了肝炎研究的基础和方向。

进入 21 世纪，病毒性肝炎的谜团渐渐散去，它们已不再神秘。这类疾病通称为传染性肝炎，是分别由几种并无关联的病毒传播引起的疾病，以肝脏损害最为明显，并出现一致的症状。病毒性肝炎分为 5 个类别：A、B、C、D、E，或简称甲、乙、丙、丁、戊肝。

5 种肝炎病毒可简称为 HAV、HBV、HCV、HDV、HEV。它们传播模式不同、感染人群不同，而且导致不同的健康状况。有效应对需要人们一系列共同行动，与此同时需要针对每一种病毒进行量身定制的干预。

▶ 一、什么是甲型肝炎

1. 甲型肝炎病毒有什么特点

甲型肝炎（简称甲肝）是由一种直径为 27 纳米的 RNA 病毒引起的肝炎。它的结构以及传播能力（通过粪便、污染的食物和水）与脊髓灰质炎病毒很相似。该病毒对宿主有很强的选择性。目前所知，它只感染人、黑猩猩和猴，在体外实验中只能在一些灵长目动物的细胞株中复制。在全世界范围内该疾病都有分布，在饮用水不安全和卫生设施不充分的地区更为普遍。

2. 甲型肝炎病毒是如何被发现的

甲型肝炎病毒（HAV）的出现最早可以追溯到公元前 3 000 年流行的黄疸性肝炎。战争是疾病暴发的一个诱因，因此在一些军史资料中，可以看到当时流行的很可能是甲肝或者是经肠道传播的戊肝。尽管，可以从早期的文献中推断存在一种通过普通的传染途径传播的肝炎，但对甲肝的确认则要等到 20 世纪

60 年代晚期和 20 世纪 70 年代。1967 年，随着乙肝确诊方法的发展以及科学家在对一家有智力障碍的孤儿院的儿童的研究中证实存在两种不同的致病因素的发现，这才明确证明甲肝的存在。直到 1995 年，甲肝疫苗才得以问世。

1972 年，达姆哈特（F. W. Deimhardt）等人证明了狨猴对该病易感。1979 年，普罗沃斯特（P. J. Provost）和希勒曼（M. R. Hilleman）发现了可以用来培育该病毒的细胞株。减毒疫苗也已经研制成功并且成功试用，但由于当时持续生产的难题未能攻克而未能市场化，直至 1995 年甲肝疫苗才得以问世。

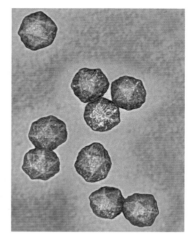

图 10-1　透射电镜下的甲型肝炎病毒

3. 如何治疗甲型肝炎

甲肝的特异性诊断是通过用电子显微镜检查粪便明确的，或者更为可行的方法是用特异性抗体来验证。甲肝是一种有自限病程的急性传染病，只需根据病情给予适当休息、营养和对症支持疗法，防止继发感染及其他损害，即可迅速恢复健康。除了少数特别严重的暴发型病例外，其他所有病例预后良好，康复通常需要 4~8 周的时间。易感人群可以通过接种甲肝疫苗预防此病。

▶ 二、什么是乙型肝炎

1. 乙型肝炎病毒有什么特点

乙型肝炎的致病原是一种生命力顽强的病毒（HBV）。它异常稳定，能在沸点和干燥条件下保持活性。它能存在于任何被血污染的物品上，如使用过的针头和外科器械；它也能通过静脉注射的吸毒者（该病传播的危险人群）传染他人；乙型肝炎病毒也可以通过性传播，它存在于精液中，可以由男性传染给女性，也可由男性传染给男性。

虽然该病毒直径（45 纳米）为中等尺度，但是它具有已知最小的 DNA 基因组。它通过基因组序列相互重叠来生成不同的蛋白质，从而完成其维持生存所有必要的功能。在进行自我复制时，病毒首先将其基因组复制为 RNA，然后重新复制（反转录）为 DNA。乙型肝炎病毒进入细胞核，它的 DNA 能嵌入人类的基因组中，为病毒找到一个安全的栖息之所，它的存在很可能同时干扰宿主细胞的生长调控机制而引起癌症。

乙型肝炎病毒即使在干燥的条件下仍然具有传染能力，这意味着它既可以存活于路边锋利的石头和荆棘上，也可以存活在蚊子的口器上。这在原始群落中（如澳大利亚土著居民）成为一种极为重要的传播方式。那里的人们通常赤脚和穿着较少的衣服，一生中始终处于易受感染的状态，如此使乙型肝炎成为高发的流行病。

最严重的乙型肝炎感染模式出现在南亚和撒哈拉以南的非洲地区，当地母婴之间的传播很普遍。感染可以发生在生产时和母乳哺乳期。这种传播模式的严重性在于早年感染后很可能是持久性的感染，而持久性感染通常的后遗症是肝癌。在这些地区肝癌是所有癌症中最为普遍的，这也是导致中年人死亡的主要原因。这种具有"自我永存"的特性，在婴儿期的感染者很可能会成为病毒携带者，从而极有可能传染给下一代。

感染上乙型肝炎病毒会有多种后果或状态。它可能是不明显的，或者产生与甲肝无法区分的病理表现。它也可能引起伴或不伴有硬化的慢性活动性肝炎。

任何一种形式都能使感染者处于慢性携带者的状态，在这种状态下血液循环中会有大量的表面抗原，有时也会有具有传染性的完整病毒。它对肾造成损害，或者导致肝癌。因此，无并发症的乙肝虽然在急性期不致命，但它所造成的总病死率却很高。

2. 乙型肝炎病毒是如何被发现的

1965 年人类首次发现乙型肝炎病毒。它的发现有一段很不寻常的经历。

很长时间以来，人们已清楚血液制品能传播肝炎，但事实上这并未引起医学界的充分重视。正常人的血清一直被用来预防儿童麻疹和稳定疫苗质量。1942年，一种新型的混合有人血清的黄热病疫苗被派发给美国的驻海外部队，在那些接种疫苗的人当中有2.8万人染上了肝炎，并导致多人死亡。

20世纪60年代早期，巴鲁克·塞缪尔·布隆伯格（Barcech S. Blumberg，1925—2011年）在研究不同种族的血液分类时，发现澳大利亚土著居民的血液中有一种新的抗原。后来他发现一位接触过这些血液样本的同事也获得了这种"澳大利亚抗原"，这使他认识到这种抗原是具有传染性的。最后证实了这种抗原就是乙型肝炎病毒的表面蛋白——乙肝表面抗原。

3. 如何预防乙型肝炎

1980年，由沃尔夫·茨姆奈斯和其他研究团队公布"已有了一种好疫苗"，他们在那个不寻常的实验中证明该疫苗是有效的。1981年预防性乙肝疫苗正式上市，这也是全球首款抗癌疫苗。

接种乙肝疫苗是主要预防办法。世界卫生组织（WHO）建议所有婴儿在出生后尽早（最好是在24小时内）进行乙肝疫苗接种。这是由于感染转为慢性的可能性取决于一个人被感染时的年龄。6岁以下儿童发展为慢性感染的可能性最大（是感染乙型肝炎病毒的健康成年人的10倍）。在许多曾有8%~15%的儿童转为慢性乙型肝炎病毒感染的国家，通过接种疫苗，接种过疫苗的儿童中慢性感染率现已降至1%以下。

4. 可以治愈乙型肝炎吗

疫苗只能预防感染，目前还没有非常有效的治疗方法结束病毒携带状态。一个人一旦成为携带者，可能在很多年内都处于这种状态。2013年丙肝的高效、治愈性疗法被发现并引入之后，乙肝病毒即成为黯然失色的公共健康问题。因目前仍难以治愈，这意味着已经感染的人仍然逃脱不了最终患肝癌的宿命，同时凸显出处在感染危险之中的健康工作人员接种疫苗的必要性。

世界卫生组织建议将口服药物——替诺福韦或恩替卡韦用作抑制乙型肝炎病毒最有效的药物。但对多数人而言，这种治疗方法并不能治愈乙型肝炎病毒感染，而只是抑制病毒复制。因此，大部分开始接受乙型肝炎治疗的患者必须终生服药。

中国等乙型肝炎病毒高流行国家正通过积极主动的国家计划来实现消除病毒性肝炎的目标。我国制定了《中国病毒性肝炎防治规划（2017—2020年）》，防护措施有加强疫苗接种，强化乙型肝炎和丙型肝炎医源性感染管理，加强血站血液乙型肝炎病毒和丙型肝炎病毒筛查等。

在乙型肝炎病毒感染的长期并发症中，肝硬化和肝细胞癌造成的疾病负担很重。肝癌发展很快，而且由于治疗选用方案有限，疾病转归通常不佳。在低收入环境下，大多数肝癌患者在诊断后数月内死亡。通过外科手术和化疗，患者的寿命可延长几年。在高收入国家，肝硬化患者有时可以接受肝移植，但成功率参差不齐。

▶ 三、什么是丙型肝炎

1. 丙型肝炎病毒有什么特点

丙型肝炎病毒（HCV）在结构上与黄热病或马脑炎的病毒类似，在肝细胞中的直径为36~40纳米，为单股正链RNA病毒。丙型肝炎病毒不同于甲型或乙型肝炎病毒，具有脂质外壳。

丙型肝炎病毒感染引起的病毒性肝炎，主要经输血、针刺、吸毒等途径传播。丙型肝炎病毒感染的发病机制主要包括免疫介导和丙型肝炎病毒直接损伤两种，病毒因素包括病毒的基因型、复制能力、病毒多肽的免疫原性等；宿主因素包括人体的先天性免疫反应、体液免疫和细胞免疫反应等。饮酒、免疫抑制剂的使用等因素对丙型肝炎病毒的感染病程也有影响。

接吻、拥抱、打喷嚏、咳嗽、食物、饮水、共用餐具和水杯、无皮肤破损及其他无血液暴露的接触一般不传播丙型肝炎病毒。

2. 丙型肝炎病毒是如何被发现的

20世纪六七十年代丙型肝炎病毒才初步被识别。当时，科学家丹尼尔·布拉德利（Daniel W. Bradley）一直利用黑猩猩进行研究，他让黑猩猩感染非甲非乙型肝炎，再将感染黑猩猩的血清提供给凯龙公司（该公司出资支持一项大规模的研究计划来解决这一难题，有很多科学家参与）。1989年，阿尔伯塔大学的病毒学家迈克尔·霍顿（Michael Houghton）与合作者，利用分子生物学技术成功地克隆出丙型肝炎病毒，并证实80%~90%的非甲非乙型肝炎是由丙型肝炎病毒造成的。

3. 丙型肝炎可以治愈吗

丙型肝炎是一种严重的疾病，是攻克治疗病毒性肝炎的最后堡垒，很大比例患者的病情都可发展为永久性的肝脏损害。由于目前没有丙型肝炎可用的疫苗，如果不加以治疗，15%～30%的感染者会进展为肝功能衰竭或肝细胞癌。由此可见，对"可治愈"这一点而言就显得尤为重要了，而它的药物研发过程在病毒性感染中几乎是独一无二的。

目前，美国和欧洲共批准了至少5种联合使用药物靶点的抑制剂，未来几年还将出现其他疗法。现在有超过95%的丙型肝炎患者可以完全治愈。第一批临床试验结果显示，这些新疗法能够对付所有病毒株，不管病毒是什么基因型。虽然预防丙型肝炎的疫苗还未问世，但我们已经掌握了治愈这种病毒性疾病的方法，丙肝"末日"已至。

在医学史上，只有屈指可数的慢性疾病能够被治愈，丙型肝炎正是其中的一种。

四、什么是丁型肝炎

1. 丁型肝炎病毒有什么特点

第 4 种肝炎病毒——丁型肝炎病毒（HDV）不能独立生长，它只存在于已经被乙型肝炎病毒感染的细胞中。它的缺陷是不能制造外壳蛋白，因此必须先把自身包裹在其他病毒的表面蛋白下才能具有传染性。

乙型肝炎病毒能够产生大量外壳蛋白，这就使得丁型肝炎病毒在血液中能够达到很高的浓度。包裹在别的病毒的外壳蛋白下使得丁型肝炎病毒具有如同乙型肝炎病毒一样的不受免疫系统攻击的好处。乙型肝炎病毒在被感染者身上持续存在这一事实，也给予丁型肝炎病毒相当大的侵袭空间。

与甲型肝炎病毒相同，但不同于乙型肝炎病毒，丁型肝炎病毒具有 RNA 基因组。它能产生一种可通过血清学对其传染性加以鉴别的特殊蛋白。由于包裹在乙型肝炎病毒的外壳蛋白下，丁型肝炎病毒的大小介于甲型肝炎病毒和乙型肝炎病毒之间，大约为 36 纳米，其在世界范围内的分布相较于甲、乙型肝炎来说比较分散，常常通过非肠道注射而传染。

2. 丁型肝炎病毒是如何被发现的

1977 年，在意大利第一次发现了丁型肝炎病毒的抗原。从那以后，各国开展了许多关于其分布和分子特征的研究，了解到了丁型肝炎必须在乙型肝炎病毒或其他嗜肝 DNA 病毒的辅助下才能复制增殖。

3. 丁型肝炎可以治愈吗

丁型肝炎病毒感染总是以乙型肝炎病毒感染为基础的。它在所有肝炎中是急性病死率最高的。暴发性肝炎往往是由丁型肝炎病毒引起的。除此之外，丁型肝炎病毒感染引起的症状没有什么特别之处。丁型肝炎没有非常有效的治疗方法，抗病毒制剂干扰素有一定作用，但剂量要充分，临床好转率可达 72%，该病主要在于预防。

五、什么是戊型肝炎

1. 戊型肝炎病毒有什么特点

戊型肝炎病毒（HEV）是单股正链 RNA 病毒，其直径为 27~34 纳米，无囊膜，核衣壳呈二十面体立体对称的球形体。戊型肝炎病毒是一种与甲型肝炎病毒在结构上相似，但在免疫学上有所区别的病毒。之前人们把它与许多以前无法解释的肝炎流行联系起来，那时候尚未能培养出该病毒，但它可以连续地通过猴子传播，并且已经在电子显微镜下获得确认。戊型肝炎病毒主要通过肠道传播，常导致大的暴发流行，世界卫生组织（WHO）估计，全球每年有 2 000 万人感染戊型肝炎病毒，其中有 330 万人会出现戊肝症状。2015 年戊型肝炎大约导致 4.4 万人死亡（占病毒性肝炎死亡率的 3.3%）。戊肝见于世界各地，但在东亚和南亚较流行。1986—1988 年我国新疆发生过一次在国内外均有文献记载的规模最大的戊肝大流行。

由戊型肝炎病毒感染导致的肝炎通常无法与甲型肝炎或乙型肝炎相区别。然而，感染此病的孕妇则常具有极高的死亡率，可以达到 20%。戊肝多数呈自限性，主要采取对症治疗，康复通常需要 4~8 周的时间。易感人群可以通过接种戊肝疫苗预防此病。老年人戊肝症状较重，易导致肝衰竭。

2. 戊型肝炎病毒是如何被发现的

历史上主要的戊型肝炎流行是 1955 年发生在印度新德里的疫情。疫情发生是源于污水排向恒河一处取水点的稍下方。那一年发生了干旱，水位很低，使得污水开始逆流而上。警觉的技术人员意识到了这个问题，提高了水氯化的标准。然而大约 1 个月以后，饮用此水的约 68% 的人群出现了黄疸，发病人数达 3.5 万人。被感染的孕妇中有超过 10% 的人死亡。当时尽管进行了详细的调查，但引发疫情的原因一直不清楚，被误认为是甲型肝炎。直到 20 年后，科学家丹尼尔·布拉德利及其合作者将当年取的血清进行检测时发现了那次新德里疫情的元凶。印度是戊型肝炎病毒有文献记载的最初起源地。

于是，在 1989 年 9 月，日本的国际非甲非乙型肝炎和经血传播的传染病学术会议上，正式将其命名为戊型肝炎病毒。至此，世界公认的肝炎病毒"五兄弟"：甲型、乙型、丙型、丁型、戊型全部被发现。

3. 如何预防和治疗戊型肝炎

预防是控制该病的最有效方法。通过以下方法减少戊型肝炎病毒的传播和戊型肝炎的发生：维持公共供水系统的质量标准；建立妥善的人类粪便处理系统；个人层面做到保持良好的卫生习惯，不使用洁净度不明的水。

2011 年，中国开发和批准了一个预防戊肝病毒的疫苗，但尚未得到其他国家批准。虽然目前尚无能改变急性戊肝病程的治疗方案，但由于戊肝通常具有自限性，一般不需要住院治疗。

▶ 六、治愈病毒性肝炎的前景

与一个世纪前相比，现在这类传染性疾病对人类已经不构成什么威胁了，这都多亏了大规模疫苗接种、更好的卫生状况，以及诊断、筛查、治疗和流行病学领域的科学进步。然而，这并不意味着这类传染性疾病被彻底根除了。但是，世界是变化的，而且发展很快。新近的流行病大调查显示，遏制疫情暴发需要多个学科的专业人员合作，包括医学专家、流行病学家、气候学家、生态学家。只有这样，那些有着深层社会根源的流行病才有可能被彻底消除。

那么大范围的社会事件是如何增加传染风险的？这是不是过度担心的悲观预测呢？还是让事实说话吧：2017 年，纽约市诊断出的军团病病例数创下了新纪录（比 2016 年多出 65%）；丙型肝炎的发病率也在过去 5 年中增长了几乎 3 倍；3 种全美通报的性传播疾病，即衣原体感染、淋病和梅毒，发病率都在近些年冲到了历史最高；2018年在美国暴发的甲肝疫情中，病毒感染了数千人。而导致这次疫情的主要原因与生物和医学无关，而是属于社会和经济的范畴。

1. 贫富差距的影响

导致流行病形势变得越来越严峻的原因有很多，但是研究者普遍认为，其中的一个重要原因是贫富差距的增大。疾病往往在城市贫民中开始流行，却没有停留在这个阶层。由于城市人口增加，公共交通系统成为一个人流如织、病菌相互交换的国际市场。

2. 城市基础设施的改变

城市基础设施的改变也是增加患传染病风险的一个因素。许多老房子、公共住宅通风很不顺畅，水管老化、渗漏和破裂，导致微生物在物体表面和室内的气泡中聚集；而新的建筑为了节能，刻意将空气流通减到最小；城市建造方式（2003年SARS疫情聚集暴发的香港淘大花园）等都越来越易于受微生物的污染。2020年1月20日由日本横滨港出发的"钻石公主"号豪华邮轮，某种程度上模拟了新型冠状病毒在不同室内环境中的扩散情况。邮轮实际上是一个闭路系统，极容易传染。香港大学的研究者总结说："通风率会极大影响疫情动态，在降低传染病风险方面，开一扇窗户和接种疫苗效果相当。"

另外，传染病的其他风险因素还有：心理压力、人口的老龄化（老年患者死于普通感冒的概率是年轻人的3倍）、肥胖和糖尿病、吸毒、低收入者（曾经携带病毒工作）从事食品加工工作、受微生物污染的脏水、大城市垃圾的处理等。无论是微生物，还是被微生物感染的人，他们的生存和繁衍都是由自然和社会环境塑造的，两者彼此关联，一旦易感的民众被剥夺了资源，瘟疫的势力就会在他们中间滋长。

痛中思痛，谁能确保下一个20年，或下一个10年内，不会再有疫情暴发？国家建设能否承受得起接踵而至的疫情打击？面对传染病流行的严峻趋势，需要从医学、社会和经济范畴全面把握机遇，唯有不同专业研究领域通力合作才有可能战胜强悍的对手——包括病毒性肝炎在内的所有传染性疾病！

▶ 七、在抗击肝炎病毒的"战疫"中的英雄

2016 年的拉斯克 – 德贝基临床医学研究奖，获奖的 3 位科学家：来自德国海德堡大学拉尔夫·巴滕施拉格（Ralf Bartenschlager）教授（图 10-2）、来自美国洛克菲勒大学的查尔斯·赖斯（Charles M. Rice）教授（图 10-3）和来自 Arbutus 生物制药公司的团队负责人迈克尔·索菲亚（Michael Sofia）博士（图 10-4）。他们开创性地完成了丙型肝炎病毒复制系统的构建，使得这种致命性疾病的治疗发生变革。10 多年来，巴滕施拉格和赖斯教授试图诱导丙型肝炎病毒在实验室培养的宿主细胞内增殖。他们克服了一个又一个挑战，最终取得成功。基于类似的毅力和想象力，索菲亚的贡献在于他利用这种系统测试和发明了候选药物，最终找到具有强效性和安全性的药物。他们共享了 2016 年的拉斯克 – 德贝基临床医学研究奖。

图 10-2　拉尔夫·巴滕施拉格　　　图 10-3　查尔斯·赖斯　　　图 10-4　迈克·索非亚

【小贴士】

1976 年的诺贝尔生理学或医学奖

美国科学家巴鲁克·塞缪尔·布隆伯格（Baruch Samuel Blumberg,
1925—2011 年）（图 10-5）与丹尼尔·卡尔顿·盖杜谢克（Daniel
Carleton Gajdusek）（图 10-6）由于发现传染病产生和传播的新机制，
一起获得了 1976 年的诺贝尔生理学或医学奖。

图 10-5　巴鲁克·塞缪尔·布隆伯格　　图 10-6　丹尼尔·卡尔顿·盖杜谢克

2013 年的盖尔德纳奖

盖尔德纳国际奖于 1959 年由加拿大盖尔德纳基金会创设，主要奖励
在世界医学领域有重大发现和贡献的科学家。该奖项有"小诺贝尔奖"
之称，约有四分之一的此奖项获得者之后都获得过诺贝尔奖。

2013 年的该奖获奖者是阿尔伯塔大学的病毒
学家迈克尔·霍顿（Michael Houghton）（图 10-
7），他在丙肝病毒的发现方面做出了重要贡献（这
一研究成果是与两位合作者共同完成的）。2000 年，
休顿和奥特因为在丙型肝炎领域的突出成
就，曾共同获得了拉斯克奖。

图 10-7　迈克尔·霍顿

第十一章
黑死病——鼠疫

▼

　　《中华人民共和国传染病防治法》将传染病分成甲、乙、丙三类，把传染性强、死亡率高、易于引起大流行的传染病归于甲类传染病，甲类传染病包括鼠疫和霍乱。鼠疫也称为1号病，而霍乱称为2号病，足以可见鼠疫的传染性和毁坏力有多么的强悍。

▶ 一、鼠疫为什么又叫黑死病

鼠疫杆菌侵入人体以后，首先进入淋巴管，侵犯淋巴结，引发腺鼠疫；再进入血液以后疯狂繁殖，不断释放出鼠毒素和内毒素，大量的鼠疫杆菌及其毒素存在血液内引发败血症鼠疫；若鼠疫杆菌随血流进入肺组织则引发肺鼠疫。

鼠疫杆菌及其毒素导致出血坏死性炎症，出血坏死性炎症造成血管、机体的出血坏死，出血以后就会在身体上出现瘀点、瘀斑，比较重的患者可能会出现大片的瘀斑，特别是肺鼠疫或者是败血症鼠疫，从而出现感染性休克，即弥散性血管内凝血，可以在 24 小时内死亡。由于弥散性全身血管内凝血的情况出现，大量凝血因子被消耗掉，继发凝血障碍，产生广泛地出血，血液进入皮下组织，患者看上去就是黑紫的情况，特别是重患者短时间内死亡的，全身就变成发黑的状况，所以叫黑死病。由于鼠疫表现出皮肤黑紫的情况，另外传染性很强，所以叫"黑色瘟疫"。

▶ 二、鼠疫大流行遍及世界各地

"东死鼠，西死鼠，人见死鼠如见虎！鼠死不几日，人死如坼堵。昼死人，莫问数，日色惨淡愁云护。三人行未十步多，忽死两人横截路……"

这首由清代诗人师道南所书的《死鼠行》形象地描写了鼠疫惨景，鼠疫是由鼠疫杆菌感染引起的一种烈性传染病，其传染性强，病死率极高，在人类历史上曾经多次大流行，带来的危害和历史影响堪称人类历史上遭遇的所有传染病之最。史学界一般认为，世界历史上一共发生过 3 次鼠疫大流行。

第一次鼠疫大流行：查士丁尼瘟疫。

根据欧洲中古史学者的研究，这次鼠疫大流行最早是在公元541年暴发于埃及（有争议），到了第二年即542年的春天就传播到了东罗马帝国的首都君士坦丁堡，并很快覆盖整个帝国。更可怕的是，伴随着地中海的贸易和东罗马帝国的军事行动，鼠疫在之后的1个多世纪里蔓延到整个欧洲。由于此次鼠疫流行开始于东罗马帝国皇帝查士丁尼一世（公元527年至565年在位）执政时期，因此史学界一般将这次鼠疫大流行称为查士丁尼瘟疫（图11-1）。由于年代久远，史料缺乏，这次鼠疫流行造成的具体死亡人数已经很难确定了，但保守估计在2 000万人以上。

图 11-1　查士丁尼瘟疫

查士丁尼瘟疫的影响相当深远。查士丁尼瘟疫导致东罗马帝国丧失了至少三分之一的人口，帝国劳动力骤减，社会生产力、军队战斗力下降严重，断送了罗马帝国复兴的最后希望。

第二次鼠疫大流行：欧洲中世纪的"黑死病"。

有一种观点认为此次鼠疫起源于中亚地区，更有很多学者认为是蒙古大军西征时带来的。此次鼠疫流行的危害更甚于第一次的查士丁尼瘟疫，仅仅在公元1347年——

1353 年的全欧洲集中暴发就至少导致了 2 500 万的人口死亡，占到当时欧洲总人口的三分之一以上，问题是，十字军东征、奥斯曼帝国的扩张等人口流动又推动了鼠疫的传播，波及了亚洲等世界其他地方。之后的三四百年，几乎每隔一段时间欧洲就会出现一次鼠疫暴发，虽然后来由于人群中针对鼠疫的免疫力产生以及医疗水平的提高等，死亡率大大降低，但还是造成了极其惨烈的后果。

第二次鼠疫大流行，中国和印度也没能幸免。《明史纪事本末》中就曾记载："上天降灾，瘟疫流行，自八月至今，传染至盛。有一二日亡者，有朝染夕亡者，日每不下数百人，甚有全家全亡不留一人者，排门逐户，无一保全。"而明末鼠疫大流行就是欧洲"黑死病"的延续。第二次鼠疫大流行一直到 18 世纪末期才算是结束，如果将这几百年因鼠疫而死亡的人数全部算上，至少在 1 亿以上，危害之大简直无以复加！

第三次鼠疫大流行。这次暴发起源地有多种说法，但主流认为是公元 1855 年暴发于中国云南。此次相较于前两次有明显的区别：首先是传播速度之快和波及地区之广远超前两次，在几十年的时间里就相继波及亚洲、欧洲、美洲和非洲的 60 多个国家；其次就是死亡人数虽然达到了惊人的 1 200 万，但与前两次相比，死亡率明显降低。此次鼠疫大流行一直持续到 20 世纪 50 年代末才算结束，而相较于两次世界大战，其历史影响明显下降了。此次鼠疫大流行最大的影响就是找到了鼠疫的真正病因——鼠疫杆菌。1894 年，法国著名生物学家耶尔森成功发现了鼠疫杆菌是引起鼠疫的病原体，并于第二年研制出抗鼠疫的血清，从此人类有了科学防治鼠疫的方法。由于耶尔森对鼠疫研究的杰出贡献，后来的学者把引起鼠疫的鼠疫杆菌称为鼠疫耶尔森菌。

▶ 三、什么引起了鼠疫

鼠疫是鼠疫耶尔森菌引起的烈性传染病，鼠疫耶尔森菌属肠杆菌科，耶尔森菌属，革兰氏染色阴性。外观为两端钝圆，两极浓染的椭圆形小杆菌（图11-2），长 1.0 ~ 1.5 纳米，宽 0.5 ~ 0.7 纳米，有荚膜，无鞭毛，无芽孢。

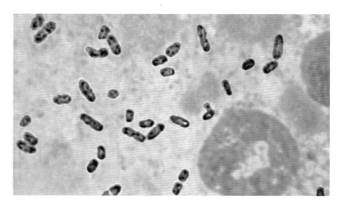

图 11-2　鼠疫耶尔森菌显微镜下染色图片

▶ 四、鼠疫是如何传播的

鼠疫耶尔森菌可以储存在某些动物体内，使这些动物成为传染源。鼠疫的主要传染源是鼠类和其他啮齿类动物，尤以黄鼠和旱獭为主要储存宿主（图11-3），褐家鼠、黄胸鼠为次要储存宿主。狼、狐、骆驼、羊、野兔、猫也是可能的传染源。另外，感染的患者也可成为传染源。

黄鼠

旱獭

图 11-3　黄鼠和旱獭

鼠疫传播的主要途径：寄生在感染病原菌啮齿动物的跳蚤携带了病原菌，通过跳蚤叮咬人把病原菌带入人体，使人体感染病原菌。也可通过跳蚤叮咬把鼠疫病原菌传给健康鼠。

鼠疫传播的第二条途径：人们狩猎了感染病原菌的动物，在获取兽皮、兽肉时病原菌经皮肤进入人体。

鼠疫传播的第三条途径：肺鼠疫患者呼吸道排出含菌飞沫，传播给其他人。

▶ 五、如此肆虐的鼠疫真的没有办法治疗吗

人们在与鼠疫斗争的千百年里积累了丰富的经验，并且找到了有效的治疗方法。首先，确诊或疑似鼠疫患者，均应迅速组织严密的隔离，就地治疗，不宜转送。

一般治疗及护理：严格隔离消毒患者，辅助调理饮食与补液。

病原治疗：治疗原则是早期、联合、足量、应用敏感的抗菌药物。鼠疫临床分为腺鼠疫、肺鼠疫、鼠疫败血症和皮肤鼠疫，一般来说链霉素是最常用的药物，但是由于链霉素有很大的副作用，亦可选用氨基糖苷类、氟喹诺酮类、第三代头孢菌素类及四环素类等。对于皮肤鼠疫按一般外科疗法处置皮肤溃疡，必要时局部敷磺胺软膏。

对症治疗：对于发热者可实施物理降温，发热超过 38.5 ℃、全身酸痛明显者可用解热镇痛药；烦躁不安或疼痛者使用镇静止痛剂；对于中毒症状严重者可使用肾上腺皮质激素。

六、现代生活是否已经远离了鼠疫

随着鼠疫治疗技术的成熟，鼠疫再也不会出现如诗人师道南所描述的场景，人们似乎已经忘记了曾经被鼠疫支配的恐惧，但实际上它还没有彻底离开我们。如今，每年在全世界依旧有散发病例出现，在我们国家内蒙古、新疆等地也有散发病例的报道，甘肃省疾控中心统计发布，1958—2018年甘肃省发生鼠疫32起，发病71例。

2019年4月底在蒙古西部城市乌列盖有一对夫妇感染腺鼠疫死亡，2019年11月在内蒙古锡林格勒盟及乌兰察布市分别有感染鼠疫的报道，引起的原因多数是人们宰杀、剥皮及食用了未熟带菌野生动物。

近年来感染原因出现了新情况，那就是多起病例与旱獭有关，甚至有人把旱獭当作宠物饲养，每天密切接触，碰巧这个宠物带菌，最终使得宠物主人不幸染病。这些案例是不是应该引起大家的重视呢？

第十二章
猪、牛、羊的梦魇——口蹄疫

▼

　　口蹄疫俗称"口疮""辟癀"，人和动物都可以经感染口蹄疫病毒而引发此病，人感染后一般不会出现严重后果，经过适当治疗即可痊愈，而猪、牛、羊等动物感染此病毒，则会出现较严重的症状，甚至造成动物残疾乃至死亡，且在动物间易广泛传播，因此口蹄疫是猪、牛、羊的梦魇。

口蹄疫是由口蹄疫病毒引起的一种急性传染病。口蹄疫是家养和野生动物共患的急性、热性和高传染性的传染病。易感动物有70多种，最易感染的动物是黄牛、水牛、猪、骆驼、羊、鹿等，此外，黄羊、麝、野猪、野牛等野生动物也易感染此病，以牛最易感。口蹄疫在亚洲、非洲和中东以及南美洲均有流行，在非流行区也有散发病例。

猪、牛、羊患口蹄疫以后各有其不同的特点，病猪体温升高，蹄冠、蹄叉发红，形成水疱和溃烂，病猪口腔、舌、柔软皮肤及上乳房（主要在哺乳母猪）可见水疱和烂斑（图12-1A）；病牛在唇内面、齿龈、舌面及咽部黏膜出现水疱，同时口角流涎增多，呈白色泡沫状，挂在嘴边（图12-1B），发病初期体温迅速升高，可达40～41℃，稍后趾间及蹄冠出现水疱，并很快破溃糜烂，由于病毒感染所致病牛代谢异常，常出现低钾，使之肌肉无力，导致病牛站立不稳，喜卧；羊口蹄疫发病初期体温升高、食欲降低、精神沉闷、流涎，绵羊水疱多见于四肢，水疱破裂形成烂斑造成跛行（图12-1C），山羊水疱多见于口腔。

  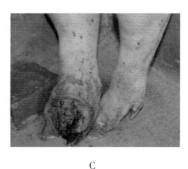

A   B   C

图12-1　猪、牛、羊口蹄疫的动物表现

病毒的量在病畜的内唇、舌面水疱或糜烂处、在蹄趾间、蹄上皮部水疱或烂斑处以及乳房处水疱中最多；其次在流涎、乳汁、粪、尿及呼出的气体中也会有病毒排出。恶性口蹄疫还会导致病畜心脏麻痹并迅速死亡，猪和羔羊的死亡率最高可达

20% ~ 50%。

虽然口蹄疫对猪及羔羊以外的动物的直接致死率并不是很高，但其传染性极强，一旦在农场或牧场的动物中发现有口蹄疫出现，为了防止疫情蔓延和扩散，要对场内所有动物进行捕杀，因此口蹄疫是猪、牛、羊等动物的梦魇。

▶ 二、口蹄疫是由谁引发，又是如何传播的

口蹄疫是由口蹄疫病毒（简称 FMDV）感染引起的偶蹄动物共患的急性、热性、接触性传染病。口蹄疫病毒属于小 RNA 病毒科口疮病毒属，是偶蹄类动物高度传染性疾病口蹄疫的病原体，病毒外壳为对称的 20 面体（图 12-2）。病毒分为 7 个血清型和 65 个亚型。

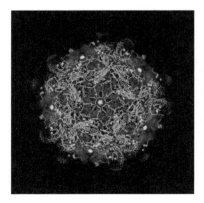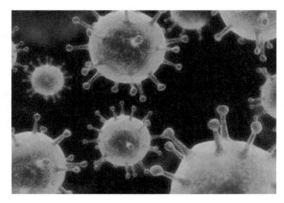

图 12-2　口蹄疫病毒 20 面体结构平面图和三维电镜图

病畜和带病毒畜是主要的传染源，口蹄疫的主要传播途径是消化道和呼吸道、损伤的皮肤、黏膜以及完整皮肤（如乳房皮肤）、黏膜（眼结膜），也可以通过尿、奶、精液和唾液等途径传播。还能通过间接接触传染（例如分泌物、排泄物、畜产品、污染的空气、饲料等）给易感动物。

　　早在 17—19 世纪，德国、法国、瑞士、意大利、奥地利已有口蹄疫流行的记载。历史上，1951—1952 年在英法暴发的口蹄疫，造成的损失竟高达 1.43 亿英镑；1967年英国口蹄疫大暴发导致 40 万头牛被屠宰，损失 1.5 亿英镑。英国、法国等国家暴发口蹄疫后，猪、牛大批死亡，或被处死，牛肉、猪肉的供应锐减，售价大幅飙升。而大量宰杀牲畜后，需要饲养的牲畜已所剩无几，市场对动物饲料的需求大减，造成玉蜀黍和大豆等动物饲料的价格下跌。

　　第二次世界大战期间，希特勒也秘密制订了"口蹄疫炸弹"计划，主要针对英国，因为英国饲养了几百万头牛，如果计划成功，那么将有可能迅速迫使英国投降。所幸的是，德国科学家担心这种"炸弹"造成的伤害会波及德国本土，因为德国也饲养了大量的牛，所以并没有应用于战争。二战期间日本侵略中国，其臭名昭著研制生物武器的 731 部队，一次性给 3 000 名中国战俘每人发了一个烧饼，监督和逼迫他们吃下之后，把他们释放，这并不是 731 部队突发善心，而是烧饼里面有口蹄疫病毒，他们是在测试这种病毒传播的范围。口蹄疫病毒作为生物武器真的出现过，所幸由于多种原因并没有引起大范围的严重后果。

　　疫苗接种是特异性预防口蹄疫的可靠和有效手段，安全有效的疫苗是成功地预防、控制乃至最终消灭口蹄疫的先决条件。将引起口蹄疫的病毒利用生物技术大量培养，收集后再予杀死等适当处理后，制成口蹄疫疫苗。将口蹄疫疫苗注射健康的动物数天后，就可引起动物体内产生免疫抗体，并于第一次注射后 3 ~ 4 周再注射第二次，以提高抗体的产生，此免疫抗体即可保护猪、牛不受口蹄疫病毒的感染。通过注射疫苗成功消灭了口蹄疫，成为口蹄疫非疫区，如美国、加拿大、日本、澳洲、新西兰及一些欧洲国家等；东南亚各国及我国等皆属"口蹄疫疫区"。目前我国已经成功研制出了口蹄疫疫苗，对口蹄疫的预防起到了积极的作用，随着口蹄疫疫苗的推广应用，相信我国也会逐渐成为口蹄疫非疫区。

▶ 四、人会不会患上口蹄疫呢

口蹄疫是一种人畜共患病，所谓的人畜共患病就是一种病原体既可以引起人类发病也可引起动物发病。人类感染口蹄疫后，如果得到及时和正确的治疗，一般不会危及生命。人感染口蹄疫之后，在不同的时期，患者会出现不同的症状，主要分为潜伏期、前驱期、发疹期和恢复期4个时期。

潜伏期：通常潜伏6~7天，患者表现为体温升高，口腔发热、口干、口腔黏膜潮红，手、足部和皮肤会出现水疱。

前驱期：此阶段的患者会感到全身不适，身体疲惫，口腔、舌、咽局部充血和颈淋巴结肿大。少部分患者会感到轻微的头晕、头部不适和发热。

发疹期：病毒入侵本来存在疱疹的部位，口腔的水疱会对饮食和吞咽造成影响，患者会出现高热，高达39℃左右，还伴有头痛、恶心、呕吐、腹泻，少数可致低血压、心肌炎等。

恢复期：发疹期的高热会持续数天，在发疹期，如果患者得到及时和正确的治疗，通常可以在两周之内完全康复，并且没有其他后遗症。婴幼儿、体弱儿童和老年患者，可有严重的呕吐、腹泻、心肌炎、循环紊乱和继发感染。如不及时治疗，可招致严重的后果。

治疗口蹄疫的方法主要以对症治疗为主，如果是发热，就使用退热药降温，出水疱的时候要注意消毒，手、足患部涂以各种抗生素软膏，如青霉素、氯霉素、链霉素等，这些抗生素治疗水疱、烂斑效果较好，可以防止继发性细菌感染。要避免使用患者的衣帽、毛巾和面盆，防止发生接触传染。

五、人口蹄疫与手足口病有什么区别

口蹄疫与手足口病是两种不同的疾病，虽然在某些症状上有些相似，但二者还是有区别的，我们通过表 12-1 对它们进行比较。

表 12-1　人口蹄疫与手足口病的比较

	口蹄疫	手足口病
病原体	口蹄疫病毒	肠道病毒 EV71、柯萨奇 A16
主要传染源	病畜、带病毒畜	患者或隐性感染者
主要传播途径	接触病畜的口腔和溃疡面	接触患者及其生活用品
发病人群	发病人群年龄宽泛	主要是幼儿、儿童
症状	全身不适，会出现高热（39 ℃），伴有头晕、恶心、呕吐、腹泻等全身中毒现象；口腔和手足部出现水疱（图 13-3A）	低热或不发热，仅有呼吸道感染和口腔黏膜疱疹，尤以臀部、足部、膝部疱疹为常见，疱疹周围有炎性红晕，疱内液体较少，呈离心性分布，直径 3～7 毫米，质地稍硬，自几个至数十个不等（图 13-3B），2～3 日自行吸收，不留痂。不疼、不痒、不结痂、不结瘢的"四不特征"

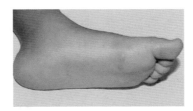 

A. 人口蹄疫水疱　　　　B. 手足口病疱疹

图 12-3　人患口蹄疫与手足口病的区别

第十三章
往昔的人间炼狱——麻风病

▼

"态生两靥之愁，娇袭一身之病。泪光点点，娇喘微微。娴静时如姣花照水，行动处似弱柳扶风……"喜欢读《红楼梦》的朋友都知道这是《红楼梦》第三回中描写处处怜人的林黛玉的词句，那么林黛玉到底患了什么病？有一种说法是她得了痨病。痨病也就是我们当今说的肺结核。当时痨病是不治之症，没有有效的治疗药物，人得病后会日渐消瘦、无力，最后咳血死亡，所以得了痨病的人相当于被判了死刑。痨病是由结核分枝杆菌引起的肺部感染，结核分枝杆菌还有一个同门兄弟叫麻风分枝杆菌，麻风分枝杆菌与结核分枝杆菌在细菌学分类上同属于分枝杆菌属，而麻风分枝杆菌对人体的破坏力更大、更强，结核分枝杆菌与之相比简直是小巫见大巫。看到这里你一定更急切地想了解麻风分枝杆菌以及由麻风分枝杆菌感染引起的麻风病吧？

▶ 一、麻风病的罪魁祸首是谁

麻风病是由麻风分枝杆菌感染人体引起的传染病，麻风分枝杆菌呈细杆状，大小为（0.3～0.5）纳米×（1～8）纳米，两端尖细，束状或团簇状排列。麻风分枝杆菌是典型的细胞内寄生菌。该菌寄生的细胞胞质呈泡沫状，称为麻风细胞。不同的染色方法可将麻风分枝杆菌染成不同的颜色，抗酸染色阳性染成红色（图13-1），革兰氏染色阳性染成蓝色。无荚膜，无芽孢，无鞭毛。值得强调的是人工培养的麻风分枝杆菌抗酸至今尚未成功。

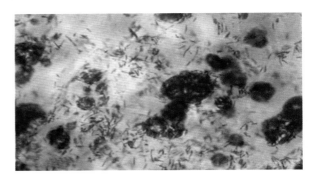

图 13-1 麻风分枝杆菌抗酸染色

▶ 二、人患上麻风病真的会"疯"吗

患上麻风病的人并不会真的像精神病患者那样疯掉的，麻风病其实在免疫学中把它归结为超敏反应性疾病，过去也叫变态反应性疾病（图13-2）。

提到"变态"一词同学们并不陌生，所谓变态即为不正常，所谓超敏就是过于敏感的意思，超过了正常反应的范畴。麻风分枝杆菌进入人体以后钻入细胞内部，这个时期机

图 13-2 麻风病

体的体液免疫主要的"大将军"——抗体，由于有细胞膜的阻挡，发挥不了任何作用，只能望洋兴叹，只好由细胞免疫中的"将领"——T细胞、单核巨噬细胞，去吞噬、杀伤麻风细胞，因此在麻风细胞存在的局部集结了大量的单核巨噬细胞和T细胞，它们对麻风细胞展开围剿，这样就会在局部形成很激烈的炎症反应，在杀伤和清除麻风细胞的同时机体的组织也遭到了严重损害。

麻风是由麻风分枝杆菌引起的一种慢性传染病，主要病变在皮肤和周围神经。绝大多数的麻风患者都具有不同形态和数量的皮肤损害，包括原发性皮肤损害，如斑疹、丘疹、斑块、结节、疱疹等；继发损害，如萎缩、疤痕、角化、鳞屑、溃疡等。该病病程长，会有脱发（脱眉毛和脱汗毛）和出汗障碍。

麻风杆菌具有嗜周围神经的特性，但中枢神经不受累，患者手触摸东西时像戴了手套一样，脚触碰东西时像穿了袜子一样，皮损部位像有蚂蚁在爬，称为蚁行感。晚期有骨骼损害，会出现嘴歪兔眼、鼻塌眼陷、马鞍鼻，甚至断手断脚、形如狮面等畸残表现。

一般麻风病的早期阶段，称为未定类麻风。根据患者症状、机体免疫力、就医治疗预后等，临床常分为以下5类：结核样型麻风、瘤型麻风、偏结核样型界限类麻风、中间界限类麻风、偏瘤型界限类麻风。

传播途径有3种：飞沫传播、接触传播、间接传播。

免疫力相对较低的儿童、老人及与未经治疗的麻风病患者密切接触者可感染发病。绝大多数成人对麻风分枝杆菌感染有较强的抵抗力。

麻风病能治好吗？疾病早期发现并遵医治疗，多数可通过联合疗法治愈。其中少菌型传染性小，有的可自愈，治疗期短，整体预后较好；多菌型传染性大，不能自愈，治疗期长，一般预后较差。

鉴于麻风病患者长期饱受疾病的折磨和最终的机体残损，如果没有强大的内心承受能力及全社会的关怀帮助，他们也许真的会"疯"掉。

▶ 三、病痛拼凑出的小世界——麻风病村

据资料记载，我国多个地区有麻风病村。目前有些麻风病村还存在，但麻风患者已经没有了。在 20 世纪 80 年代，我国麻风病患者全部治愈，再也没有麻风病患者了，现在只有曾经患过麻风病已经康复了的残疾的麻风病村村民，他们现在都已进入晚年。

他们的麻风病都已经痊愈了，但现在一般都有老年病。也是相当可怜、需要我们照顾的人。他们年轻时，与正常人一样为我们这个社会做出了贡献。

▶ 四、麻风病的病痛难以想象

如前所述，未经及时规范治疗的麻风病患者会留下很严重的后遗症，如皮肤的疤痕、肉芽肿、马鞍鼻等，简直就是毁容啊，患者感觉自己没脸见人。末梢神经的受累患者有蚁行感，犹如千万条蚂蚁在体内爬行，非常痛苦；再者骨骼的破坏形成断肢断手，身体形成残疾，有的甚至丧失劳动能力，生活不能自理，给患者带来极大的痛苦。

不只是身体上的痛苦，比身体上的痛苦更甚的是心理上的痛苦。由于这种疾病的传染性和严重的后遗症，患者易被亲朋好友疏远，因此情绪敏感，对周围人员的言行产生猜疑，有的患者性格内向，认为被人嫌弃，受社会歧视，产生抑郁、孤独的心理，整日少言寡语、闷闷不乐。而且患者由于病程长、病情反复、病情危重、活动受限、饱受疾病折磨及毁容，会产生悲观、恐惧、焦躁，甚至绝望的不良情绪。因此社会方面不仅应该积极地为麻风病患者提供优良的治疗医药，更应该给予他们全面的关心、关怀，从心理上给予他们支持，减少他们的不良情绪，鼓励他们好好地生活下去。

2020 年 1 月 27 日是第 67 届"世界防治麻风病日"暨第 33 届"中国麻风节"。

近几年来，世界麻风病日的活动主题都是"创造一个没有麻风的世界"。这一主题通过形式多样的宣传活动，使公众正确认识麻风病及其危害，掌握基本防治知识，树立"早诊早治预防畸残"的防治意识，让全社会共同关注麻风病人群、关爱因麻风病致残者，消除歧视，帮助其康复。

第十四章
"温柔的"死神——霍乱弧菌

▼

　　霍乱弧菌早在 2000 多年前已有记载，自 1817 年以来，已引起过 7 次世界性霍乱大流行。在霍乱流行区，无症状携带者和患者都是重要的传染源。无症状携带者在人群中所占比例较高，造成疾病的扩散。霍乱弧菌主要通过被污染的饮水或食物经口摄入引起感染。正常情况下，人体消化系统中的胃酸对霍乱弧菌有一定的杀伤力，只有饮入量大于 10^{10} 个细菌时方能引起感染，胃酸缺乏的人群对霍乱弧菌的敏感性增加。霍乱弧菌侵入人体后可在小肠黏膜表面迅速繁殖，可产生霍乱肠毒素——目前已知的最强烈的致泄毒素，感染者可能出现腹泻与呕吐，重者可能因严重脱水和电解质紊乱而死亡。

▶ 一、海水中的恶魔

说霍乱弧菌是海水中的恶魔，一点都不为过，一提起来让人恨得咬牙切齿。

那是一群非常微小的生物，喜欢生活在碱性环境中（pH 7.4~9.6），如咸咸的、18~37 ℃温暖的海水里，犹如一个个小小的逗号，活泼而轻盈，伸出它们长长的灵动的鞭毛，自由自在地游动，翩翩起舞，编写着美妙的乐章（图14-1）。它们生长繁殖时对营养的要求也不高，随时可以来一场说走就走的旅行，可以随心所欲地去往自然界的很多地方，尤其喜欢水。

图14-1　扫描电镜下的霍乱弧菌

可是，在优雅美妙的外表下隐藏的，却是它们野性的、恶魔般的"内核"。它们拥有菌毛，可以帮助它们黏附到自己喜欢的人或动物身上，拥有了菌毛，就像拥有一把把钥匙，可以打开一个个梦寐以求世界的大门。人类和动物可能就是这样在不知不觉中被霍乱弧菌侵入而逐渐失去了领地。霍乱弧菌是革兰氏阴性菌，在这个家族里，有很多不同的血清群，就像人类拥有不同的血型一样，足足有139个之多，当然，可能还不止这么多。而且，不同的血清群，对人类的影响可能也是不同的。其中O1群和O139群可引起霍乱。

▶ 二、什么是霍乱

霍乱是一种古老而烈性的肠道传染病，在全球广泛流行，属于国际检疫传染病。

以发病急、传染性强、病死率高为主要特点，曾在世界上引起多次大流行。引起霍乱的罪魁祸首，便是霍乱弧菌。这是一群生性阴险、欺软怕硬的微生物，不幸被霍乱弧菌"青睐"的人当中，虽然很多人感染后好像若无其事，毫无症状，但是却能作为携带者在神不知鬼不觉中将这群"恶魔"传播给其他人。那些年老的、幼小的、免疫力低下或有基础疾病的人，可能会因霍乱弧菌的入侵而痛不欲生，主要表现为剧烈地呕吐，腹泻，失水，如果得不到及时、恰当的救治，可能在12~24小时内死亡。

▶ 三、历史上的霍乱有多可怕

霍乱弧菌 2000 多年前就已经被载入史册。这一群自带恶魔特性的细菌，自 1817 年以来，已经引起了 7 次世界性的霍乱大流行。霍乱弧菌包括两个生物型：古典生物型和埃尔托生物型。这两种型别形态、生物学形状及免疫学特性基本相同，仅个别生物学性状稍有差异。而且，它们感染人体后在临床病理学及流行病学特征上也没有本质的差别。1992 年 10 月，在印度东南部又发现了一个可引起霍乱流行的新血清型菌株（O139），这种新的霍乱弧菌菌株引起的感染在临床表现及传播方式上与古典生物型霍乱完全相同，却不能被 O1 群霍乱弧菌的诊断血清所凝集，针对 O1 群的抗血清对 O139 菌株没有保护性免疫作用。另外，其在水中的存活时间较 O1 群霍乱弧菌长，因此，O139 菌株可能是引起世界性霍乱流行的新菌株。

事实上，前 6 次都是由霍乱弧菌古典生物型引起，起源于孟加拉盆地。但是从 1961 年开始，这一切发生了变化，第七次大流行是由霍乱弧菌埃尔托生物型引起的。印度尼西亚、远东、南亚地区、非洲、南美等地都深受其害。1993 年在南美秘鲁发生的暴发流行，受影响的有

82万病例，7 000多人不幸身亡；2010年海地霍乱暴发流行，68万人深陷其中，死亡人数多达8 300多人。1992年新流行株O139在孟加拉湾的印度河孟加拉部分城市出现，很快便遍亚洲。不幸的是，历史上每一次大流行，中国都未能幸免。

▶ 四、霍乱弧菌进入体内，人一定会生病吗

人类主要通过食入被霍乱弧菌污染的食物（如海鲜）或饮水而感染霍乱。进入人体的霍乱弧菌，首先要通过人体的消化道。正常人体的消化系统中有一个非常重要的器官——胃。胃是人类身体中消化道的一道重要屏障。胃中含有大量的胃液，其中含有胃酸，胃能持续分泌胃酸，胃液中的胃酸（0.2%～0.4%的盐酸）能杀死食物里的一部分细菌，确保胃和肠道的安全，同时增加胃蛋白酶的活性，帮助消化。

一般情况下，进入消化道的霍乱弧菌，会在胃酸的作用下而宣告其在人体中旅行的终结，因此虽然有霍乱弧菌侵入体内，很多人却并不会表现出明显的不适。

只有在短时间内有足够数量的霍乱弧菌侵入，胃酸不足以将其全部杀死，幸存的霍乱弧菌可在消化道内继续其旅行并大量繁殖时，才会引起感染。而且，很多人感染后也不会有明显的不舒服的症状。但是这些无症状感染者比例很高，感染后没有症状却携带有病原菌。在古典生物型霍乱弧菌感染中，无症状者可达60%，在埃尔托生物型感染中，无症状者可达75%。根据流行病学调查数据，无症状携带者和有症状感染者的比例在10：1~100：1之间波动，无症状携带者非常容易被忽略，因而没有及时采取相关的消化道隔离措施，这有利于霍乱弧菌的扩散。

▶ 五、霍乱弧菌会在人的肠壁上凿洞吗

任何原因（包括药物、疾病、食物等）引起的胃中酸度降低，都可以大大增加霍乱弧菌感染的概率。幸存的霍乱弧菌最后会选择一个温暖而湿润、营养丰富、偏碱性、适合它们生存的环境定居下来。人类消化道中的小肠，就是这样一个适宜霍乱弧菌生长的地方。它们到达小肠后，能依靠自身的菌毛黏附在肠黏膜表面，吸取肠道中的营养，并迅速繁殖。

霍乱弧菌虽然能在肠道黏膜表面大量繁殖，但它们并不侵入肠上皮细胞和肠腺。因此它们也不会在肠壁上凿洞。只是，它们在繁殖过程中能产生一种毒素，我们把它称作霍乱肠毒素。

霍乱弧菌产生的肠毒素，是一种剧烈的致泄毒素。该毒素作用于肠壁上的肠黏膜细胞，干扰其正常功能，使得腺苷酸环化酶系统紊乱，cAMP 水平过度增高，肠黏膜细胞过量分泌水和盐，导致严重脱水和电解质丧失。

霍乱弧菌感染后可从无症状或轻度腹泻发展到严重的腹泻甚至危及生命。典型病例一般表现为在吞食被霍乱弧菌污染的食物或饮水后，2~3 天突然出现剧烈腹泻和呕吐，大多数病例没有腹痛症状，每天大便数次或数十次。重症患者可能每小时失水量高达 1 升，腹泻物和平时大便的形态也大不一样，呈米泔水样，很稀。由于大量水分和电解质从肠道丧失，患者可能出现脱水、代谢性酸中毒、低碱血症和低容量性休克及心力衰竭和肾衰竭，如不及时处理，可在 12~24 小时内死亡，病死率可高达 25%~60%，但若及时给患者补充液体及电解质，死亡率可小于 1%。O139 群霍乱弧菌感染比 O1 群严重，表现为严重脱水和高病死率，且成人病例所占比例较高，大于 70%。而在 O1 群霍乱弧菌流行高峰期，儿童病例占多数（约占 60%）。

康复后，一部分患者仍可能在短期内携带霍乱弧菌，主要存在于胆囊中，但持续时间一般不超过 3~4 周，很少有人长期携带此菌。

▶ 六、怎样预防霍乱

霍乱弧菌在河水、井水、海水中可存活 1~3 周，在鲜鱼、贝壳类食物上存活 1~2 周。但是霍乱弧菌对热、干燥、日光、化学消毒剂和酸都很敏感，湿热 55 ℃达 15 分钟，100 ℃加热 1~2 分钟，每吨水中加 0.5 克的氯 15 分钟均可杀死霍乱弧菌。0.1% 高锰酸钾浸泡蔬菜、水果可达到消毒目的。此外，霍乱弧菌在正常胃酸中仅生存 4 分钟。

【小贴士】

预防霍乱，从我做起

* 注意环境卫生：改善社区环境，杀灭蚊虫、苍蝇、蟑螂等。
* 加强居民用水及粪便管理。
* 培养良好的个人卫生习惯。
* 饭前便后及时、彻底洗手。
* 不饮生水，不生食贝壳类海产品等。
* 健康生活习惯：增强免疫力。

疫苗预防：

* O1 群霍乱弧菌死菌肌内注射，能增强针对霍乱弧菌的特异性免疫力，但保护力只有 50% 左右，而且并不持久，只有 3~6 个月。

* B 亚单位——全菌灭活口服疫苗、基因工程减毒活菌苗已有大规模人群试验，但其效果和保护力持续时间正在进行评估。

第十五章
"猪头病"——腮腺炎

腮腺炎病毒是流行性腮腺炎的病原体，属副黏病毒科、德国麻疹病毒属，仅有一个血清型，因此，腮腺炎病毒感染后可获得牢固的免疫力。人是腮腺炎病毒的唯一宿主，病毒主要经飞沫传播，传染源是早期患者和隐性感染者，易感者主要为学龄期儿童，临床表现主要为一侧或双侧腮腺肿大，伴有发热、乏力、肌肉疼痛等。青春期感染者易并发睾丸炎或卵巢炎，极少数患儿可并发病毒性脑膜炎，并发睾丸炎者可导致男性不育症。对于腮腺炎患者应及时隔离，防止传播。疫苗接种是有效的预防措施，我国使用的为S97株减毒活疫苗，免疫效果良好，90%的接种者会出现抗体。我国已经研制出腮腺炎病毒－麻疹病毒－风疹病毒三联疫苗，并已加入国家预防免疫计划。

春天到了，万物复苏，一片生机盎然的景象。随着天气转暖，同学们活动的积极性高涨。同时，微观世界中的细菌和病毒也开始了快速的繁殖和传播，各种各样的流行病也开始肆虐起来。你是否见过前一天还正常和你一同玩耍嬉戏的同学，第二天面部肿胀、痛苦不堪，一边或两边的脸颊又肿又痛，肿大导致颜值暴跌，成为大家讥笑的对象呢？同学们笑他"偷吃东西，嘴巴肿了"。

实际上这是由腮腺炎病毒引起的一种急性呼吸道传染病，临床上称为流行性腮腺炎，简称"流腮"，中医称"痄腮""大头瘟"，大家通常都戏称这种病为"对耳风""大嘴巴病""猪头疯"

（图15-1）。如果他已经得了"对耳风"还和他一起玩，你可能也会得"对耳风"。

腮腺炎病毒是冬春季肆虐的病毒大军中的一员，5～15岁的儿童和青少年更容易被这种病毒感染，成年人也有发病。国家卫生健康委发布的《2018年8月全国法定传染病疫情概况》中，流行性腮腺炎的发病数高达16 801例，排在丙类传染病发病数第二位。

图15-1　"痄腮"患者

▶ 二、肿脸的恶魔——腮腺炎病毒

腮腺炎病毒呈球形，病毒颗粒直径为80～300纳米，平均140纳米，属于麻疹病毒属，是一种RNA病毒（图15-2）。1945年，科学家从腮腺炎患者体内成功地分离出腮腺炎病毒。

病毒含有 7 种蛋白，其中与机体免疫直接相关的病毒蛋白为：可溶性蛋白（S 抗原）和血凝素糖蛋白（V 抗原）。S 抗原和 V 抗原是诱导机体产生抗腮腺炎病毒抗体的主要免疫原。

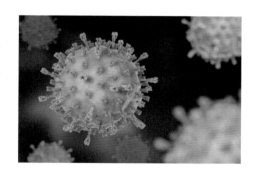

图 15-2　腮腺炎病毒

腮腺炎病毒的抵抗力低，对物理和化学因素的作用都十分敏感，75% 乙醇可于 2 ～ 5 分钟内将其灭活，暴露于紫外线下可迅速死亡。37 ℃时可保持 24 小时，加热至 55 ～ 60 ℃时经 10 ～ 20 分钟便失去活力。腮腺炎病毒对低温有一定的抵抗力，在 4 ℃时其活力可保持 2 个月。

腮腺炎病毒只在人类中发现过，又由于只有一种血清型，病毒抗原结构稳定，该病发病后可以获得终生免疫，也就是说一生只得一次。

▶ **三、人类的"铁粉"——腮腺炎病毒只感染人类**

患者及隐性感染者是传染源，腮腺炎病毒是人类的"铁粉"——人是腮腺炎病毒唯一的宿主。

病毒主要通过飞沫进行传播，也能通过唾液污染过的餐具和玩具等物品进行传播。未感染过或未接种过疫苗的人群普遍易感。

【小贴士】隐性感染

隐性感染是指当机体有较强的免疫力，或入侵的病原体数量不多，毒力较弱时，感染后对人体损害较轻，不出现明显的临床症状或无自主反应。通过隐性感染，机体仍可获得特异性免疫力，在防止同种病原感染上有重要意义。

由于隐性感染者没有明显临床症状，不易被察觉而加以隔离，其危害性常甚于患者，被视为最危险的传染源。

▶ 四、不打肿脸也能充胖子——腮腺炎病毒如何致病

腮腺炎主要表现为一侧或两侧耳垂下肿大，肿大的腮腺常呈半球形，以耳垂为中心，边缘不清，表面发热，张口或嚼东西时局部感到疼痛。腮腺肿大可持续5天左右，以后逐日减退，全病程 7 ~ 12 天。

病毒从呼吸道侵入机体后，在局部黏膜细胞以及淋巴结中进行繁殖，接着进入血液，通过血液循环将病毒传送到腮腺和大脑中，同时还会引起其他的器官发生炎症反应。病毒在腮腺和大脑内进一步繁殖过程中，使更多的病毒再一次侵入血液，同时又

侵犯其他器官。因此，腮腺炎是一种多器官受累的疾病。

腮腺位于耳朵前下方皮肤深处，左右各有一个，通常大多数患者的主要症状是此部位的肿大。少数患者一开始会有发热、头痛、肌肉酸痛、疲乏虚弱、恶心呕吐、关节肿痛等一系列不适症状。几个小时后，就会出现腮腺肿痛，并且越来越明显，2～3天后腮部的肿大会达到高峰。肿胀部位通常以耳垂作为中心位置，向前、后、下扩展开来，形状像梨，边缘不清楚，摸起来会有轻微的疼痛感，局部的皮肤会紧张、发亮但不会发红。患者咀嚼的时候疼痛会加重，当吃酸性食物的时候疼痛也会加剧。肿大的腮腺会在3～7天内慢慢缩小，整个发病的时间为8～12天。

▶ 五、腮腺炎病毒在其他器官造成的疾病都有哪些表现呢

腮腺炎病毒在脑部会引起脑膜炎，通常是儿童最常见的一种并发症，会让患者感觉到发热、呕吐、头痛、颈部强直、嗜睡等症状，这种并发症通常发生在腮腺肿胀的1周内，但也有少数发生在腮腺肿胀之前，并且男孩比女孩更容易发病。治疗及时，大多数人都可以恢复良好，如若延误治疗，将会有生命危险。

在心脏则会诱发心肌炎，通常发生在腮腺肿胀的时候或者是恢复时期，患者通常会出现面色苍白、呼吸困难、心悸等症状，严重的还会引发心源性休克。

而在睾丸及卵巢会发生睾丸炎、卵巢炎，通常是青春期患者身上最常见的并发症，症状表现为下腹疼痛或卵巢肿痛等，若治疗不及时会引起睾丸组织坏死而导致成年后不育。

腮腺炎是儿童期单侧感音神经性听力损失最为常见的原因，除了上述的并发症外，还有可能有乳腺炎、急性胰腺炎、肺炎等。

▶ 六、腮腺炎都具有传染性吗

腮腺炎病毒能够引起流行性腮腺炎，但是其他病因也能引起腮腺炎，腮腺炎分为3种类型：流行性腮腺炎、化脓性腮腺炎、自身免疫性腮腺炎。

流行性腮腺炎由病毒感染引起，传染源为患者和隐性感染者，病毒存在于患者唾液中的时间较长。流行性腮腺炎在感染两周内具有高度传染性。

化脓性腮腺炎又分为急性化脓性腮腺炎和慢性化脓性腮腺炎。急性化脓性腮腺炎通常是由金黄色葡萄球菌等化脓性致病菌所引起的。慢性化脓性腮腺炎则是由结石、导管周围瘢痕导致排唾不畅、重金属中毒等原因引起的。化脓性腮腺炎通常不传染。

自身免疫性腮腺炎多见于慢性自身免疫性疾病，如干燥综合征等。自身免疫性腮腺炎不具传染性。

▶ 七、除了腮腺炎病毒，其他病毒能引起腮腺炎吗

腮腺炎病毒是流行性腮腺炎主要的病原体，除此之外，单纯疱疹病毒、柯萨奇病毒、甲型流感病毒也可引起腮腺炎。

【小贴士】

唾液腺

唾液腺是向口腔内分泌唾液的消化腺，人体的唾液腺有 3 对：腮腺、舌下腺和颌下腺，其中最大的 1 对是腮腺。均开口于口腔分泌唾液，有润滑口腔黏膜、混合食物的作用。其中含有少量淀粉酶，可把食物中部分淀粉分解成麦芽糖。

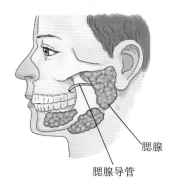

图 15-3 腮腺图

腮腺

腮腺导管

流行性腮腺炎管理

由于腮腺炎病毒不受地域和气候的限制，在全球范围内引起流行性腮腺炎，这种广泛流行的急性传染病在我国被列为法定管理的丙类传染病。

▶ 八、构筑健康的长城——预防腮腺炎病毒感染

最直接有效的预防措施便是接种疫苗。目前，我国免疫程序规定儿童时期 18 ~ 24 月龄儿童应常规接种一剂麻疹－腮腺炎－风疹联合疫苗（MMR），但是只接种一次疫苗防病效果有限，所以建议儿童入小学前再次接种一剂含腮腺炎成分的疫苗（图 15-4）。如果你现在没有接种也不必慌张，15 岁以下的儿童和青少年都可以进行接种。

图 15-4　麻疹－腮腺炎－风疹联合疫苗

在呼吸道疾病流行期间，尽量减少到人员拥挤的公共场所；出门时应戴口罩，尤其在公交车上；在学校教室要注意勤开窗通风，保持室内空气新鲜，也可用 0.2% 过氧乙酸对教室地面等部位进行消毒。

平时生活中要养成良好的个人卫生习惯，做到"四勤一多"，即勤洗手、勤通风、勤晒衣被、勤锻炼身体、多喝水（图 15-5）；此外，还要早睡早起，保证充足的休息，避免过度疲劳，积极参加锻炼，增强体质；在饮食上，要少吃辛辣、油腻的食物。

戴口罩　　　　　　　勤通风　　　　　　　　　勤洗手　　　　　　　　多喝水

图 15-5　预防腮腺炎的措施

　　一旦发现身边有疑似流行性腮腺炎的情况，应劝诫他及时到医院就诊，同时也要密切观察自身身体情况变化；患者应及时进行隔离，直至腮腺肿胀完全消退为止，避免将疾病传染给他人。

▶ 九、如何恢复颜值——流行性腮腺炎的治疗

　　就医：发现疑似症状一定要及时就医，在医生的指导下，根据病情进展情况服用抗病毒的药物，要以医生叮嘱为准，以免延误病情。

　　休息：注意卧床休息，减少体力消耗，保证充足的睡眠。

　　饮食：经常因为张嘴和咀嚼食物会使疼痛加剧，所以注意不要吃有刺激性的食物，要吃易咀嚼、易消化的流质和半流质食物，以减轻吞咽上的困难；也不要吃酸、辣、甜味及干硬食品，以免食物刺激腮腺以致分泌物增加，导致已经红肿的腮腺管口疼痛加剧。勤喝水，并且要注意喝温水，这样有利于退热及毒素的排出。

饭后漱口预防细菌感染

每顿饭后要用温开水或淡盐水等进行漱口，来保持口腔的清洁卫生，这样可以预防口腔腮腺管口继发细菌性感染。

生活小提示

1. 流行性腮腺炎患者是否需要隔离，隔离多久？

需要隔离。流行性腮腺炎具备传染性，唾液腺发生肿胀前6天到肿胀发生后9天内都具备传染性。当发现"腮帮子"肿起来了，要立即开始隔离，尽量隔离5天以上，直到肿胀消失。

2. 流行性腮腺炎一生只得一次吗？

腮腺炎病毒感染后可以获得终生免疫，也就是说一生中只会感染一次腮腺炎病毒。

但是，流行性腮腺炎少数还可以由单纯疱疹病毒、柯萨奇病毒、甲型流感病毒等感染引起，由于身体对腮腺炎病毒产生的免疫力对这几种病毒无效，所以还有可能感染其他病毒而致病。

简单说，腮腺炎病毒感染后不会再次感染，但其他病毒还可能感染引起流行性腮腺炎。

3. 外敷仙人掌治疗流行性腮腺炎有科学依据吗？

仙人掌是我国一种传统中药，中医研究表明仙人掌性味苦寒，具有消肿止痛、活血散瘀、清热解毒、消炎的功效。仙人掌外敷可以解毒消炎，治疗疔、疮、疖、肿等疾病。也可以用来治疗痤疮和外伤引起的肿胀疼痛。所以用仙人掌外敷可以辅助治疗流行性腮腺炎有科学依据，但是不要忘记去掉仙人掌的刺哟。

必须强调，发现疑似症状一定要及时就医，以免延误病情。

第十六章
"懒癌"——布鲁氏菌

19 世纪 60 年代，驻扎在马耳他岛的英国军队里，突然出现大量发热的士兵，这些人出现大汗和肝、脾肿大等症状，并有大批士兵死亡。1886 年英国军医布鲁在马耳他岛从死于"马耳他热"的士兵脾脏中分离出一种微小的细菌，于是以地名将其命名为马耳他微球菌。后来为了纪念第一位发现并分离到这种细菌的布鲁，医学界将这种菌命名为布鲁氏菌。所以马耳他微球菌和布鲁氏菌实际上是同一种细菌的两个名称。

此后，英国专家组在调查马耳他热时，有人意外发现当地山羊血清与布鲁氏菌发生凝集。因此，学者们认定，山羊也会患此病。不久后，从羊奶中检出了布鲁氏菌，把这种山羊奶给猿猴喝，会引起猿猴的感染。至此，布鲁氏菌病（简称"布病"）感染途径逐渐变得清晰。

▶ 一、为什么布鲁氏菌比其他细菌厉害

布鲁氏菌是一种短小的革兰氏阴性球杆菌，无鞭毛，无芽孢，毒力菌株有荚膜（图16-1）。别看它长得非常不起眼，其细胞壁含有内毒素，可以对动物、人体造成伤害。它和人类一样，必须有氧气才能生存，初次分离培养时需 5% ~ 10% 的 CO_2，最喜欢的温度是 37 ℃。它追求高质量的生存环境，普通培养基上不易生长。

布鲁氏菌生命力非常顽强，在土壤、皮毛、病畜的脏器和分泌物、乳制品及水中可存活数周至数月，尤其喜欢寄生在动物（如牛、羊、猪等）身体里。布鲁氏菌比其他细菌厉害之处，在于它是一种兼性细胞内寄生菌，一般细菌感染人体后会被人体的免疫细胞攻击、消灭，而布鲁氏菌能躲到人体自身细胞内，躲避免疫细胞的攻击，从而导致持续的感染。

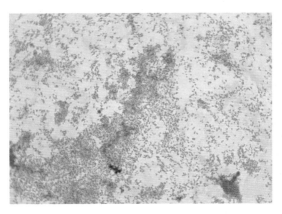
布鲁氏菌革兰氏染色光学显微镜观察

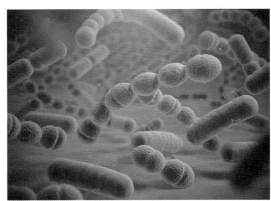
扫描电镜下的布鲁氏菌

图 16-1　布鲁氏菌

▶ 二、无精打采是"懒癌"发作吗

"春困秋乏夏打盹，睡不醒的冬三月"，"懒癌"朋友们可能会一年到头都打不起精神来。需要注意的是，有时候无精打采并不是"懒癌"发作，而是感染了布鲁氏菌。布鲁氏菌病又称马耳他热、地中海热、波浪热，民间俗称"蔫吧病""懒汉病"等都是由布鲁氏菌引起的人畜共患传染病，它被《中华人民共和国传染病防治法》归为乙类传染病。

曾经在我国传染性疾病当中，布鲁氏菌病就是一个"跑龙套的"，1993年全国新发病例数仅有326例，随着我国社会经济发展、生活环境改善以及传染病防治的突飞猛进，传染性疾病大幅度减少，脊髓灰质炎、丝虫病、白喉等几乎销声匿迹，然而，布鲁氏菌病竟然能一路逆袭，在20世纪90年代后出现反弹，并在2000年后发病率快速上升，成为报告发病率上升速度最快的传染病之一（图16-2）。

图 16-2 漫画布鲁氏菌

布鲁氏菌可引起大量动物（主要是牛、羊、猪等）感染，人体主要通过接触受感染的动物或其制品而感染。布鲁氏菌的"野心"可不小，不止在动物间传播，它还是一种人畜共患病，危害人类健康。更糟糕的是，人群对布鲁氏菌普遍易感，很少量的细菌就能够使人类染病，并且没有年龄、性别的差异，不论儿童、老人，甚至是体格健壮的青壮年，都可能被感染。值得庆幸的是，其在人与人之间传播极其罕见。布鲁氏菌病的潜伏期为 1 ～ 3 周，平均两周，最短仅 3 天，最长可达 1 年，其发病高峰期在 3 ～ 8 月份。

迄今发现的布鲁氏菌有 10 余种，其中对人类致病的主要是羊布鲁氏菌，其次为牛布鲁氏菌、猪布鲁氏菌、犬布鲁氏菌。森林鼠布鲁氏菌、田鼠布鲁氏菌、海洋哺乳动物体内分离到的鲸型布鲁氏菌、鳍型布鲁氏菌等不引起人类致病。

【小贴士】

《中华人民共和国传染病防治法》将传染病分为三类。

甲类传染病。也称为强制管理传染病，包括鼠疫、霍乱。

乙类传染病。也称为严格管理传染病，包括传染性非典型性肺炎、艾滋病、病毒性肝炎、脊髓灰质炎、人感染高致病性禽流感、麻疹、流行性出血热、狂犬病、流行性乙型脑炎、登革热、炭疽、细菌性和阿米巴性痢疾、肺结核、伤寒和副伤寒、流行性脑脊髓膜炎、百日咳、白喉、新生儿破伤风、猩红热、布鲁氏菌病、淋病、梅毒、钩端螺旋体病、血吸虫病、疟疾。

丙类传染病。也称为监测管理传染病，包括流行性感冒、流行性腮腺炎、风疹、急性出血性结膜炎、麻风病、流行性和地方性斑疹伤寒、黑热病、包虫病、丝虫病，除霍乱、细菌性和阿米巴性痢疾、伤寒和副伤寒以外的感染性腹泻病。

▶ 三、布鲁氏菌通过什么方式传播呢

1.布鲁氏菌主要传播途径有 3 个。

直接接触：在饲养、挤奶、剪毛、屠宰，以及加工皮、毛、肉等工作时，直接接触病畜或其排泄物等，通过破损伤口被感染。

消化道传播：食用被病菌污染的生奶、奶制品、水，以及未煮熟的肉制品而感染（图 16-3）。

图 16-3　谨防奶制品中的布鲁氏菌

呼吸道传播：病菌污染环境后形成粒子非常小的气溶胶，气溶胶悬浮在空气中，如果人吸入含菌的尘埃可发生呼吸道传染。

> ## 【小贴士】布鲁氏病传染源
>
> 主要的传染源是患病的家畜，在我国以羊、牛为主。由于人与人之间传播罕见，患者无须特殊隔离。但哺乳妇女感染布鲁氏菌后可由乳汁传至婴儿，或作为器官移植供体传至受体。

2. 易感人群

饲养员、挤奶员、兽医、屠宰人员等是高危人群（图16-4）。

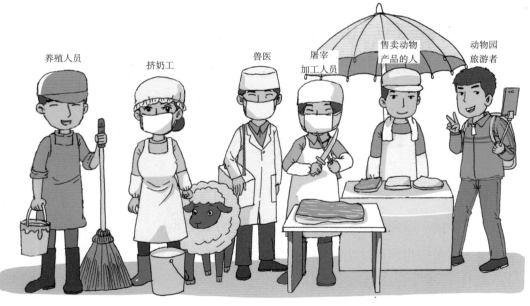

图 16-4　布鲁氏菌易感人群

▶ 四、身患布鲁氏病除了懒还有哪些其他表现

患布鲁氏病后主要有乏力、发热、多汗、关节剧痛等症状（图 16-5）。

图 16-5　布鲁氏病的症状

乏力："懒汉病"顾名思义，感染者全身无力，不想干活，整天懒洋洋的，该症状几乎所有患者都会出现。

发热：5% ～ 20% 出现典型的波浪热，特点是发热 2 ～ 3 周后热退，间歇数天至 2 周，发热再起，反复多次，所以又称本病为波浪热。

多汗：本病的主要症状，不管患者发热或不发热均可多汗，常于夜间或凌晨热退时大汗淋漓，可致虚脱。

关节剧痛：关节痛以下半身的关节为主（膝关节、踝关节、髋关节），常呈游走性疼痛。

男性患者中 20% ～ 40% 有睾丸肿痛，多为单侧。

有的患者表现为肝、脾、淋巴结肿大，有黄疸现象，常被误诊为病毒性肝炎。

此外，布鲁氏菌可以随着淋巴循环及血液循环在各个"零件"作妖，"蹿"到肠子可出现腹泻、腹痛；"蹿"到肝脏可出现黄疸；"蹿"到脑子可出现头痛等脑炎症状；"蹿"到子宫可引发流产；等等。

小贴士

发热热型分类

稽留热	弛张热	波状热	回归热	不规则热
体温持续处于39～40℃，达数日或数周之久，24小时内体温波动不超过1℃	体温在24小时内波动达2℃或更多，且均在正常水平以上	体温在数日内逐渐上升至高峰，后逐渐下降至常温或微热状态，不久又再发，呈波浪式起伏	高热期与无热期各持续数日，周期性互相交替	发热持续时间不定，变动无规律，视为不规则热

图 16-6　发热热型分类

▶ 五、如何有效治疗布鲁氏病这个顽固的"小强"

临床上对于细菌的治疗大多采用广谱抗生素，很多致病菌都会被杀死。然而，布鲁氏菌属于兼性胞内寄生菌，这意味着它能躲在宿主的吞噬细胞内生存、繁殖，容易躲过药物的追击，因此易导致慢性感染，治疗也不太容易，成为顽固的"小强"。

因此，对布鲁氏菌感染患者的抗感染治疗应注意选用能进入巨噬细胞的抗菌药物，并坚持连续应用以彻底消灭胞内细菌。世界卫生组织（WHO）推荐的首选方案是利福平与多西环素联合使用，或四环素与利福平联用。除了根治病菌，还需要留意有没有出现相关并发症。若没有并发症的急性期患者，通过规范的抗生素治疗后一般能痊愈，而有并发症的患者还需要对症治疗。万事因人而异，如果出现类似布鲁氏病的症状，一定要记得及时就医哦。

▶ 六、怎样才能远离"懒癌"

1. 购买家畜必须经过检疫，确保家畜没有布鲁氏病。
2. 国家针对布鲁氏病制订了专门的控制计划，养殖家畜必须进行定期检测。
3. 要养成良好的生产、生活习惯，做好自我卫生防护。
4. 接触牛、羊、鹿等，要采取勤洗手、及时换洗衣物等卫生措施。
5. 不要饮用未经消毒灭菌的奶制品，牛、羊奶一定要煮熟后再喝。
6. 如果有接触，并确诊发病，要早发现、早治疗。

▶ 七、为什么布鲁氏菌曾经"助纣为虐"

微生物对人类来说是一手拿着橄榄枝，一手托着潘多拉魔盒，既造福人类，也可以把灾难引到人间。许多致病微生物历来被战争狂人所青睐，用于制造生物武器。布鲁氏菌就是其中之一，由于其致病力强，感染剂量低，表现的症状无特异性，不易在早期被发现，因此曾经被用作生物武器。如发现无明确病史的集中群发性发热、关节痛、乏力、肝脾大等疫情时，从防止恐怖袭击的角度应给予足够重视，尤其是在部队训练区和作战区，应注意排查并及时报告。

小帖士

生活中如何预防布鲁氏病？

喝牛奶、羊奶时，要煮沸后饮用；吃烤肉、涮锅时，一定不要为了追求鲜嫩的口感而吃没有熟透的牛、羊肉。尽量减少在外食用烤串等牛、羊肉制品，避免因带菌牛、羊肉没有彻底烤熟而造成布鲁氏菌病病从口入。

布鲁氏菌致怪病，症状多变真要命；

发热多汗和乏力，疼痛肿大像懒病；

科学养殖和屠宰，煮熟烤透再食用；

谨记防护免感染，规范治疗除病痛。

第十七章
肠道健康的杀手——细菌性痢疾

相传，秦朝有个农夫突然腹痛下痢，捂着肚子到处求医，途中病倒在地，正巧一位满头白发的老翁拄着拐杖路过，他问明原因后，用拐杖指着路旁的一种野草说："这种草的根茎能治你的病。"说完，便飘然离去，农夫按照白发老翁的指点采食那种野草的根茎，果然，很快腹痛减轻，下痢次数也减少了，几天之后痊愈了。第二年，村里很多人闹痢疾，农夫扛着锄头来到当年遇到老翁的地方，挖回几大捆自己曾服食过的野草，取根茎煎汤给乡亲们喝，果然疗效都很好。当乡亲们问起这草药的来历时，农夫便讲述了巧遇老翁的事。为了纪念那位白发老翁，人们就给这种草药起名为"白头翁"。

细菌性痢疾简称菌痢，是一种以发热、腹痛、腹泻、脓血便和里急后重为典型临床表现的肠道传染病。那么引起细菌性痢疾的病原体是什么？对我们的肠道有哪些危害？我们可以采取哪些措施预防和治疗细菌性痢疾呢？

一、引起菌痢的"元凶"是什么

导致人患菌痢的"元凶"就是志贺菌，它可谓是肠道健康的"杀手"。志贺菌呈短小杆状，多数被密密麻麻的菌毛"包裹"，帮助其牢牢黏附在我们肠道表面（图17-1）。它耐不住高温和紫外线，但却扛得住寒冷，在冰块中可生存3个月；它喜欢氧气，但没有氧气也可以存活；当这些肠道健康"杀手"在人体以外的环境中，日子会比较"难过"，在10~37 ℃的水中20天会痛苦死去，在粪便中只能存活10天，在水果、蔬菜等食物中也能存活7天。

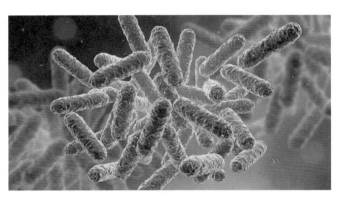

图 17-1　电子显微镜下的志贺菌

为了更精确地诊治细菌性痢疾，科学家将具有共同特征的不同细菌个体归结到同一血清群，这些肠道杀手被分为4个血清群，即痢疾志贺菌、福氏志贺菌、鲍氏志贺菌和宋氏志贺菌；宋氏志贺菌感染的症状不易察觉，发作不典型，痢疾志贺菌的毒性最强，可引起机体出现严重症状。中国最常见的血清群是福氏志贺菌和宋氏志贺菌。

二、菌痢的流行主要与哪些因素相关

志贺菌威胁着全球各个国家和地区人群的肠道健康。全球每年志贺菌感染人次估计为1.63亿，其中发展中国家占99.5%。2016年约有21万人因志贺菌引起的腹泻死亡，

45% 的死亡患者为 5 岁以下儿童。

在中国，菌痢的流行喜忧参半，喜的是，总体看年发病率在逐渐下降，忧的是，目前菌痢的发病率仍显著高于发达国家。国内各地菌痢发生率大致相同，每年都会有零星病例报道，但病例之间没有时间和空间上的联系。菌痢发病率会随着季节改变而发生改变，即有明显的季节性。

夏秋季是菌痢"肆虐"的季节，主要与降雨量、苍蝇密度、生冷瓜果食品食用情况等因素相关。夏秋季的雨水较多，雨水中的志贺菌在天地间自由徜徉，这扩大了志贺菌的活动范围；在卫生条件不好的地区，夏秋季苍蝇比较活跃，苍蝇带着志贺菌在各种食物上停留，这些食物又进入我们的口中，可能会损伤我们的肠道健康；夏天天气炎热，我们喜欢进食生冷的瓜果食物，生冷食品内的志贺菌未经高温处理而进入我们的肠道，可能引起菌痢的发生。

▶ 三、菌痢对我们的肠道有哪些损害

当志贺菌侵入上皮细胞后，可在细胞内繁殖并播散到邻近细胞，在毒素的帮助下引起细胞死亡。这些肠道健康"杀手"分泌内毒素和外毒素。内毒素是志贺菌细胞壁的成分，比较稳定，只有在细胞坏死或破坏后才会释放出来，引起全身反应如发热、毒血症及休克等。外毒素是细菌在生长繁殖过程中分泌的代谢产物，对肠道和神经都有一定毒性，具有细胞毒性，刺激机体产生抗毒素以中和外毒素。

志贺菌经口进入，跨越胃酸屏障后，最喜欢结肠黏膜上皮细胞，与其亲密接触，由基底膜到固有层，并在其中繁殖、释放毒素，引起炎症反应和小血管循环障碍，炎症介质的释放使志贺菌进一步侵入并加重炎症反应，导致肠黏膜炎症、坏死及溃疡。

志贺菌释放的内毒素进入血液后，可以引起发热和毒血症，并可通过释放各种血

管活性物质，引起急性微循环衰竭，进而引起感染性休克、弥散性血管内凝血及重要脏器功能衰竭，临床表现为中毒性菌痢。而外毒素能不可逆性地抑制蛋白质合成，从而导致上皮细胞损伤，可引起出血性结肠炎和溶血性尿毒综合征。

那么，志贺菌进入机体后是否发病呢？这与 3 个要素密切相关，即细菌的数量、致病力和机体抵抗力。这些"有毒"的生物进入消化道中，大部分被胃酸杀死，少数进入下消化道的细菌也可因正常菌群的拮抗作用、肠道分泌型 IgA 的阻断作用而不能致病。毒力强的志贺菌即使只有 10~100 个进入机体也可引起发病。若人体的抵抗力下降，少量细菌也可致病。

▶ 四、菌痢是如何传播的

菌痢主要通过粪－口途径传播，即含有志贺菌的粪便排出后，经志贺菌污染的手、食物或水与携带志贺菌的苍蝇，入口传播。另外，还可通过生活接触传播，即接触患者或带菌者的生活用具而感染（图 17-2）。

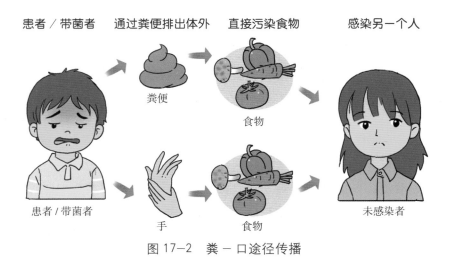

患者／带菌者　　通过粪便排出体外　　直接污染食物　　感染另一个人

粪便

食物

患者/带菌者

手

食物

未感染者

图 17-2　粪－口途径传播

▶ 五、出现菌痢症状后，我们可以采取哪些措施呢

从接触志贺菌到出现菌痢症状的时间一般为 1~4 天，短者数小时，长者可达 7 天。典型菌痢的症状为发热、腹痛、腹泻、里急后重及黏液脓血便。里急后重是指肚子出现一阵阵的痉挛和疼痛，很想大便，但却又无法便出的情况。当我们出现上述典型症状且有不干净饮食史或与患者接触史，需要到医疗机构进行诊治。

在医生的指导下，我们可以采取以下治疗和隔离措施：

1. 根据国家规定进行消化道隔离，如单独使用餐具和便器，呕吐物、排泄物和剩余食物需消毒后处理等，患者需隔离至临床症状消失，粪便培养连续 2 次阴性。

2. 轻型菌痢患者可不用抗菌药物，严重者则需应用抗生素，首选喹诺酮类，还可用小檗碱作为辅助用药，减少肠道分泌。

3. 对症治疗：若出现水和电解质丢失，应口服补液。对严重脱水者，可静脉或口服补液。若高热可以物理降温为主，必要时使用退热药。

4. 饮食以流食为主，忌食生冷、油腻及刺激性食物。

▶ 六、面对菌痢，我们可以做什么

当身边的同学出现菌痢时，我们该采取哪些措施预防菌痢，保护自己的肠道呢？首先，患者和携带志贺菌的人员应进行消化道隔离，给予彻底治疗，直至粪便阴性。同时，我们应尽量减少与患者接触，另外，也要注意饮食和饮水卫生，养成良好的个人卫生习惯，尽量不食生冷食物，保护好我们的肠道。

【小贴士】中药白头翁

中药白头翁为毛茛科植物，白头翁的根，性寒，味苦，具有清热解毒、凉血止痢的作用，用于治疗热毒血痢、阿米巴痢疾等。现代研究表明，白头翁含有白头翁皂苷、三萜皂苷等，对痢疾杆菌有明显的抑制作用。因此，白头翁也可用于治疗细菌性痢疾。

第十八章
吃出来的传染性疾病——沙门菌病

▼

　　"伤寒玛丽"是美国历史上著名的"零号病人"和伤寒杆菌超级传播者，又称"无症状感染者"。这个故事的主人公真名叫玛丽·马伦，她来自爱尔兰，1900—1915年在纽约市担任厨师。其间，至少导致7个家庭和1所医院出现伤寒沙门菌感染，多次引起纽约市伤寒疫情暴发，但她一丁点儿伤寒的症状都没有。美国人没办法只能终身监禁玛丽于孤岛，玛丽最终于1938年11月11日死于肺炎，享年69岁，但验尸后却发现她的胆囊中有许多活体伤寒沙门菌。

　　这就是历史上著名的"伤寒玛丽"事件。在传染病流行过程中，超级传播者是很可怕的，尤其是厨师这类特殊的职业。那么，伤寒沙门菌到底是什么？沙门菌感染后会有哪些症状？为什么"伤寒玛丽"会造成如此大的危害？下面为您揭开沙门菌病的"神秘面纱"。

▶ 一、参与沙门菌病的是哪种"厉害"的病原体

沙门菌病是指由沙门菌引起的疾病。沙门菌是一群寄生在人类和动物肠道中，生化反应和抗原结构相关的革兰氏染色阴性菌。沙门菌种类繁多，已发现 2 500 种以上的血清型，但只有少数血清型对人类致病。沙门菌病主要分为两类：一类为伤寒沙门菌、副伤寒沙门菌引起的伤寒和副伤寒；另一类是由鼠伤寒沙门菌、猪霍乱沙门菌和肠炎沙门菌等引起的急性肠胃炎，多见于食物中毒。下面以伤寒沙门菌为主介绍这类"厉害"的病原体。

伤寒沙门菌于 1880—1884 年被德国科学家发现并证实。伤寒沙门菌身上遍布鞭毛，帮助其在肠道内自由运动，还有菌毛，帮助其黏附在肠道表面（图 18-1）。沙门菌是一种十分"厉害"的病原体，它能在水中存活 2~3 周，在粪便中存活 1~2 个月，甚至在冰冻的土壤中可安全地度过整个冬天。但是，沙门菌也有"软肋"，它对热耐力较差，湿热环境 65 ℃经 15~20 分钟即可被杀死。

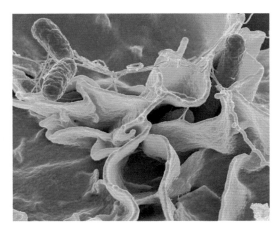

图 18-1　电子显微镜下伤寒沙门菌（红色）入侵培养的人类细胞

▶ 二、沙门菌是如何进入我们体内的

沙门菌这种"厉害"的病原体主要是通过食物进入我们体内的，即粪－口途径。

携带沙门菌的粪便污染了水源、苍蝇和手之后，污染食物和水，最后，我们食用或饮用被沙门菌污染的食物或水，可出现相应的临床症状（图18-2）。

图18-2　伤寒沙门菌的传播途径

▶ 三、机体免疫力如何与进入体内的沙门菌"战斗"

"伤寒玛丽"为什么携带沙门菌却无任何症状？机体免疫力是如何与进入体内的沙门菌战斗的呢？

当少量细菌进入机体后，机体免疫力很容易就可以清除沙门菌；只有足够数量（多数沙门菌的感染剂量为 $10^5{\sim}10^8$ 个，而伤寒沙门菌的感染剂量约 10^3 个即可致病）的细菌经口进入人体后，才能攻破肠道正常菌群、胃酸和肠道局部免疫等防线，然后定位于小肠引起疾病。首先，沙门菌侵入小肠壁上皮细胞，进入固有层，因沙门菌可在吞噬体的酸性条件下存活，所以沙门菌被巨噬细胞吞噬后仍然"生龙活虎"，能在巨噬细胞中繁殖并由巨噬细胞携带至机体的深层部分。其次，部分细菌可通过淋巴管进到肠系膜淋巴结且大量增殖。当机体的免疫能力不足以处理数量巨大的沙门菌时，沙门菌会分泌内毒素、肠毒素和致病因子等，使机体出现发热、腹泻、腹痛、呕吐等症状。

还有种特殊情况，就是进入体内的沙门菌与机体免疫力"势均力敌"，细菌既不能完全克服免疫力的阻拦，机体免疫力也不能完全清除细菌，细菌可能会聚集在某个器官长期与人类并存（例如"伤寒玛丽"的胆囊中存在大量沙门菌），机体不断向外界环境排出细菌污染水和食物等，"伤寒玛丽"就是这种情况。某种程度来说，因为没有症状，"伤寒玛丽"们的危害可能高于沙门菌病患者的危害。

▶ 四、沙门菌病有哪些临床类型

如前所述，沙门菌病主要分为两大类：

1. 肠伤寒

肠伤寒包括伤寒和副伤寒，病原体主要是伤寒沙门菌或甲型副伤寒沙门菌。在细菌进入机体初期，因细菌处于繁殖状态和机体免疫力较强，此时无临床症状，称为潜伏期，肠伤寒的潜伏期为1~2周。

随着细菌的不断繁殖，细菌进入小肠后，经胸导管进入血液，此时机体会出现全身疼痛、不适、发热等表现。进入血液的细菌在全身各脏器包括肝、脾、胆囊等大量增殖，可再次进入血液，出现典型的全身中毒症状，如持续高热（40～41 ℃持续1～2周以上）、肝脾大和皮肤玫瑰疹等。严重者会出现出血或肠穿孔等并发症，少数患者可成为慢性带菌者。副伤寒的临床症状与伤寒相似，但症状较轻，病程较短。

2. 急性胃肠炎或食物中毒

急性胃肠炎或沙门菌食物中毒是最常见的沙门菌病，主要由于大量摄入（超过 10^8 个）鼠伤寒沙门菌、肠炎沙门菌和猪霍乱沙门菌等污染的食物而引起。这些细菌容易污染的食物包括家禽、家畜等肉制品及蛋类和奶制品等。该类疾病潜伏期短，一般为 4~24 小时，可出现恶心、呕吐、腹痛、腹泻、发热等症状，病程较短。严重者可有严重脱水、休克和肾衰竭等情况，需及时处理。

▶ 五、如何判断沙门菌病

在出现疑似沙门菌感染临床症状后，如何判断确定为沙门菌病呢？我们可以从流行病学资料、临床表现和实验室检查 3 个方面进行诊断。

1. 流行病学资料

接触肠伤寒患者或疑似患者史；接触疑似或典型肠伤寒症状史；接触肠伤寒患者或疑似患者的排泄物史；食用不洁或半熟或生食肉制品、蛋类制品史。

2. 临床表现

出现持续高热，相对脉缓，肝、脾大和皮肤玫瑰疹等典型肠伤寒临床表现或出现恶心、呕吐、腹痛和腹泻的食物中毒性临床表现。

3. 实验室检查

金标准：在血液、粪便、呕吐物或可疑食物等样品中分离鉴定出沙门菌。

（1）肠伤寒

血清学诊断：肥达试验、酶联免疫吸附法等，原理为抗原、抗体的特异性结合，可用于沙门菌病的辅助诊断。

对于肠伤寒还可以进行血液检查，如出现白细胞总数低下，嗜酸性粒细胞消失等，可辅助诊断肠伤寒。

（2）急性胃肠炎或食物中毒

因急性胃肠炎或沙门菌食物中毒病程短，一般不进行血清学检查。

【小贴士】

肥达试验

肥达试验是指用已知的伤寒沙门菌 O、H 抗原以及甲型副伤寒沙门菌等 H 抗原与患者血清做定量凝集试验，测定患者血清中有无相应抗体及其效价的试验。

1896 年，法国科学家乔治·费尔南·伊西多尔·肥达（Georges Fernand Isidore Widal，1862—1929 年）和乔治·格伦鲍姆（Georges Grunbaum，1841—1933 年）建立了以伤寒沙门菌血清凝集反应为基础的诊断试验——肥达试验。

图 18-3 肥达试验的发明者

肥达　　　　格伦鲍姆

▶ 六、如何预防沙门菌病

沙门菌病尤其容易经过食物传播，我们可以如何预防沙门菌病的发生呢？

首先，早发现、早报告、早隔离、早治疗，即"四早"原则，具体包括发现沙门菌病患者或疫情及时报告，确诊为沙门菌病需进行消化道隔离，对确诊病例的排泄物及时进行消毒处理，积极配合医务人员治疗疾病；其次，因沙门菌主要经口传播，尤其是被沙门菌污染的食物和水，所以我们需要做好个人卫生，勤洗手，不食用不洁、半熟或未熟食物，加强对食物、饮水等的卫生管理，对食品加工和饮食服务人员应定期进行健康检查，及时发现"伤寒玛丽"们；最后，还需要提高机体的免疫力，增加肠道抵抗力，积极参与沙门菌病（尤其是肠伤寒）的健康宣传讲座，加强身体锻炼。

第十九章
可怕的外伤后感染——破伤风

▼

　　说到"破伤风"，想必我们都久闻其名。如果身上某处不小心被扎破、割破了，即使不是医务工作者，在处理伤口时也会考虑要不要打破伤风针。如果被问及对"破伤风"这个词的第一感受是什么，很多人都会回答"恐惧"。现在就让我们来了解一下人们对破伤风的畏惧由何而来，更关键的是怎样才能在和破伤风不期而遇时"擦肩而过"，不被其"热烈拥抱"。

破伤风在临床上典型的症状为肌肉痉挛，痉挛经常从颚部开始，逐渐进展到身体其余部位，严重的痉挛患者可出现角弓反张的症状，剧烈的肌肉痉挛甚至会导致患者发生骨折（图 19-1）。

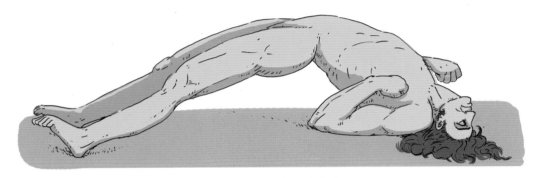

图 19-1　患者肌肉痉挛

其他症状包括发热、头痛、张口困难、吞咽困难、呼吸困难、苦笑面容以及心跳过速等。症状出现的时间为外伤后 1 天至数月，7 ~ 8 天发生者最常见，发病后可能需要数月康复，有 20% ~ 40% 的感染者最终死亡。

新生儿感染破伤风经常发生于出生后 4 ~ 6 天，因此新生儿破伤风俗称"四六风""七日风"，新生儿破伤风多由脐带感染所致，所以又被称为"脐带风"。新生儿感染破伤风的死亡率比成年人要高。

▶ 二、谁是破伤风的元凶

破伤风的病原体是一种厌氧菌——破伤风梭状芽胞杆菌（图 19-2），这种细菌常存在于泥土、灰尘以及粪便中。患者感染破伤风的原因，通常是被带有破伤风杆菌的物品（如金属锐器）对机体造成了损伤（如切伤或穿刺伤），受伤后病原菌在厌氧环境下生长繁殖，其产生的嗜神经毒素可导致全身肌肉强直性痉挛。

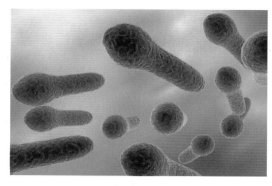

图 19-2　破伤风梭状芽胞杆菌

▶ 三、破伤风是怎样得的，身体遭受开放性创伤就一定会感染破伤风吗

日常生活中，我们的身体很容易遭受开放性创伤，从理论上讲破损的伤口都有感染破伤风的可能，但我们身边患破伤风的外伤患者似乎并不多见，这又是怎么回事呢？原因有如下几点。

1. 这与病原菌破伤风杆菌自身的特点有关。破伤风杆菌属于厌氧菌，也就是说在缺氧的条件下才容易快速繁殖并导致发病。破伤风杆菌在自然界广泛存在，相对来说污染重的地方破伤风杆菌存在的可能性更大，比如破旧家具上的铁钉、泥土地上的碎玻璃等。如果受伤

时仅仅皮肤、皮下等软组织被划破，因为位置表浅，与空气接触密切，不易形成缺氧的环境，此时即使有破伤风杆菌污染伤口也不容易发生破伤风感染。但如果被钉子等锐器扎得很深，伤口又小，则很容易在局部形成一个缺氧的环境，让破伤风杆菌从这里开始兴风作浪。

2. 病原菌治病需要一些前提条件，除了厌氧环境外，破伤风杆菌的感染能力和繁殖速度、创伤部位、病菌的数量也是关键的因素。例如，长期暴露在自然环境里脏兮兮的、生了锈的钉子与还

未用过的钉子相比，前者被破伤风杆菌污染的可能性更大，污染细菌的数量也更多。因此，与被家里还没用过的钉子刺伤相比，被室外生锈的钉子刺伤后更容易感染破伤风。

3. 受创伤机体的自身免疫力越弱，越容易被破伤风杆菌感染，因此长期应用糖皮质激素治疗的患者，艾滋病患者，营养不良、贫血的人在遭受开放性创伤时更容易被破伤风杆菌感染。

4. 外伤后，伤口处理是否合理对预防破伤风至关重要。对污染严重的伤口仔细清理创面、对深在的伤口彻底引流都是必须的，有的伤口甚至需要开放换药、二期缝合。有的小朋友在发生开放性外伤后因为怕疼拒绝让医生、护士清创、处理伤口，如果看到前面那幅破伤风患者角弓反张的恐怖情景，估计就一定会配合清创治疗了吧。

5. 普通人群对破伤风的认知程度和所在地的医疗条件对外伤后是否发生破伤风感染有密切的关系。破伤风在发达国家的发病率比在发展中国家低很多，除了因为医疗条件存在差别外，普通百姓对破伤风危害的了解程度、受教育的程度、医药费承受能力等也是导致发病率不同的重要因素。世界上城市里新生儿患破伤风的情况非常罕见，但在贫困落后的地区，接生婆常常在卫生条件很差的环境里为产妇接生，这种情况下新生儿容易感染"脐带风"，一旦患病，病死率很高。

▶ **四、怎样预防破伤风**

了解了与破伤风发生相关的因素，我们对预防破伤风就有了基本的认识，比如，生活中注意尽量避免被污染严重的锐器刺伤，另外，一旦有开放性伤口，不应该恐惧清创时的痛苦，应及时就医。医生经常对外伤的患者，尤其是伤口深且在污染严重的患者开出抗生素的处方，目的是希望借此杀灭可能残存于创伤部位的病原菌，包括破伤风杆菌。

破伤风的预防还涉及主动免疫和被动免疫的问题。我们每个人出生以后，尤其是在儿童少年时期，都要多次接受破伤风疫苗的接种，接种的原理就是利用破伤风类毒素激发我们体内的免疫系统，产生针对破伤风杆菌的特异性抗体，以便将来万一我们被破伤风杆菌侵袭时能够及时、高效、有针对性地将其在体内清除、消灭。这种做法是预防破伤风最理想的措施，但也有一定的缺点，那就是存在免疫记忆的问题。接种破伤风疫苗后，随着时间的增长，主动免疫产生的抗体在我们体内会越来越少，所以为了保证体内始终维持有较高水平的破伤风杆菌的抗体，理论上每隔10年应该重复接种破伤风疫苗1次，但这对于成年人来说很难做得到。因此，在遭受开放性外伤时，除了主动免疫，伤者还需要接受被动免疫以预防破伤风，被动免疫主要是通过注射破伤风抗毒素或者破伤风免疫球蛋白来实现的。

▶ 五、怎样治疗破伤风

破伤风的治疗主要包括以下几方面：

1. 伤口彻底清创。

2. 早期足量应用破伤风抗毒素、破伤风免疫球蛋白等药物中和破伤风杆菌产生的神经毒素。

3. 镇静解痉，防止出现肌肉严重痉挛的相关并发症。

4. 破伤风治疗周期长，往往需要数周甚至数月的时间，需防治肺不张、肺部感染、压疮等长期卧床并发症。

5. 积极营养支持，维持机体水、电解质及酸碱平衡。

6. 预防继发感染、混合感染。

7. 由于破伤风是厌氧菌导致的全身性感染，有条件时患者接受高压氧治疗有助于缓解病情。

破伤风杆菌一旦在体内大量繁殖并导致破伤风发病，其后果非常严重，即便在医疗条件很好的地方，死亡率也达到 10% 以上。因此，对于破伤风这种棘手的疾病而言，预防的地位远远高于治疗！

第二十章
可能被截肢的感染——气性坏疽

▼

坏疽是指由感染、血栓等导致组织、器官缺乏血液供应而发生坏死和腐烂，可分为不同的类型。常见的干性坏疽是因为肢端组织发生缺血坏死、干枯变黑并向躯干发展，直到血液循环足以防止坏死的地方才停止，干性坏疽的病变与非坏疽部位界线清楚。湿性坏疽常表现为局部软组织糜烂，形成浅表溃疡，可逐步向深处进展至肌肉甚至骨质。内部坏疽是指出现在身体内部（而不是肢端或体表）的坏疽，常见的是阑尾、胆囊、肠管等因感染、缺血等发生的坏死性病变。今天我们要介绍的是另外一类坏疽——气性坏疽。

▶ 一、什么是气性坏疽

气性坏疽是由梭状芽胞杆菌引起的严重的急性特异性感染，通常由病原菌侵入外伤伤口引起，发展很快，后果严重。感染的潜伏期为 6 小时至 6 日，初期的临床症状为局部胀裂样剧痛，伤口红肿，皮肤苍白，紧张发亮。随后伤处转为紫黑色，出现有暗红液体的水疱，并且可流出恶臭液体。伤口内肌肉暗红肿胀，失去弹性，刀割时不收缩，亦不出血。伤口常有恶臭味。后期肢体高度肿胀，皮肤出现水疱，肤色呈棕色，可有大理石样黑色斑纹。

遭感染的患者常出现神情不安、口唇皮肤苍白、心率加快，有时表情淡漠，面色灰白，伴大汗，体温可达 38 ~ 39 ℃。随着感染的进展，毒血症加重，体温可高达 40 ℃以上。血压在早期正常，后期则下降。常伴有血红蛋白下降，白细胞计数增高，严重时可出现脱水、黄疸及脏器功能衰竭。

伤口的局部分泌物涂片化验可查出革兰氏阳性粗大杆菌。感染部位触诊有捻发音，提示有产气菌感染，气体的出现也不尽一致，有些出现早，有些后期才出现。以产气荚膜梭状芽胞杆菌为主者，产气早而多；以水肿梭状芽胞杆菌为主者，则气体形成晚或无气体。有气时 X 射线片、CT 检查时可见深层软组织内存有气体影。

▶ 二、导致气性坏疽的病原体是什么

梭状芽胞杆菌是导致气性坏疽最常见的病原体。梭状芽胞杆菌属于革兰氏阳性厌氧菌，以产气荚膜梭菌（图 20-1）、水肿杆菌及腐败杆菌为主，其次为产气芽胞杆菌和溶组织菌等。临床上的气性坏疽以两者以上病原菌导致的混合感染为主。产气荚

膜杆菌产生的外毒素可破坏局部组织的微循环，有利于细菌进一步的繁殖播散，严重的外毒素血症可导致患者出现脓毒性休克、多器官衰竭等危及生命的并发症。

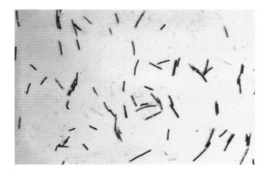

图 20-1　产气荚膜梭菌

▶ 三、人是怎样感染气性坏疽的

梭状芽胞杆菌广泛存在于沙土、衣物、粪便中，以产气荚膜梭状芽胞杆菌最为常见。发生气性坏疽主要与以下 3 个因素有关：

1. 有梭状芽胞杆菌污染伤口，通常以数种细菌混合感染更为常见。

2. 组织失活，伤口内有失活的或有血液循环障碍的组织，尤其是肌肉组织，发生感染坏死后可导致气性坏疽。

3. 局部环境，存在适合厌氧杆菌生长的缺氧环境。

▶ 四、感染了气性坏疽就一定需要截肢吗

气性坏疽属于扩散坏死性感染，在受伤的早期发生的梭状芽胞杆菌感染有可能只是比较表浅的软组织感染，经过清创引流、抗生素等治疗后病情有可能得到缓解。但如果病情未得到及时的控制，则感染会发展为蜂窝织炎，并继续向深处的筋膜、肌肉

蔓延，病原菌大量繁殖并产生外毒素，机体开始出现严重的炎症反应综合征，甚至出现脓毒性休克，此时病情往往迅速加重，受伤部位逐步发展成为坏死性肌炎，此时，应不失时机地尽早进行手术，彻底切除坏死组织，直到能见到出血的健康组织为止。对于已经发生坏死范围广泛，无法保留的肢体只能进行截肢治疗。

由此可见，即使患者不幸感染了梭状芽胞杆菌，也不一定都会发展成为气性坏疽，即便不幸罹患了气性坏疽，也不一定都需要截肢。

▶ 五、气性坏疽患者对他人有什么影响

现在我们对气性坏疽的杀伤力、破坏力有了一定的了解。如果自身免疫力正常的人群与气性坏疽的病原体有密切接触也不必过分担心，但是对于存在免疫缺陷的人，或者身体存在创伤部位的人，比如外科手术后的患者，气性坏疽则如洪水猛兽，如果这些人被梭状芽胞杆菌感染，后果不堪设想。在医院里，如果病房收治了气性坏疽的患者，为了避免与其他患者发生院内交叉感染，必须对其进行严格的隔离治疗，患者用过的物品及换药敷料需按特殊的医疗垃圾单独处置。如果手术室为气性坏疽患者做了清创、截肢等手术，为了避免发生交叉感染，很可能周围的手术间，甚至整个楼层的手术间都应暂时关闭，再经过严格的环境消毒之后才能恢复使用。为气性坏疽患者手术、换药的医护人员需严格注意隔离防护，在接触其他患者之前需做好清洁消毒工作，最好能在淋浴后再去参加手术等有创性治疗工作。

▶ 六、为什么接触过气性坏疽以后对其永生难忘

不论是患者、家属还是医护人员，只要接触过气性坏疽，都会有极为深刻的印象。气性坏疽患者患病部位散发的特殊恶臭气味是最容易给人留下难忘记忆的。另外气性坏疽患者会得到所有人的"特殊关照"，住单人间，被穿隔离服的人呵护着，生活在同病房其他患者恐惧的眼神中。而人们对气性坏疽印象深刻最重要的原因是亲眼看到那些被迫接受截肢患者痛苦、绝望的表情。

▶ 七、如何预防气性坏疽

气性坏疽如此恐怖，我们如何敬而远之呢？首先还是应尽量避免躯体的外伤，尤其是污染严重的开放性创伤；其次是受了伤一定要及时治疗，需要做清创手术的一定不要犹豫，需要打针输液、预防治疗感染时也一定不要嫌麻烦；再有就是增强自身免疫力，强健的体魄是我们抵御各种外伤后感染的第一道防线。